INSTRUCTIONS PRATIQUES

SUR LA

RECONSTITUTION DES VIGNOBLES

PAR LES CÉPAGES AMÉRICAINS

INSTRUCTIONS PRATIQUES

SUR

LA RECONSTITUTION DES VIGNOBLES

PAR LES CÉPAGES AMÉRICAINS

CHOIX DES VARIÉTÉS — MULTIPLICATION
ÉTABLISSEMENT DU VIGNOBLE — CULTURE ET FUMURE
TRAITEMENT DES MALADIES

PAR

L. ROUGIER

Chef des Cultures à l'École d'Agriculture de Montpellier

Prix : 1 fr. 50 c.

MONTPELLIER
AUX BUREAUX DE *L'ÉCLAIR*, JOURNAL QUOTIDIEN DU MIDI
2 bis, Rue Levat, 2 bis

1886

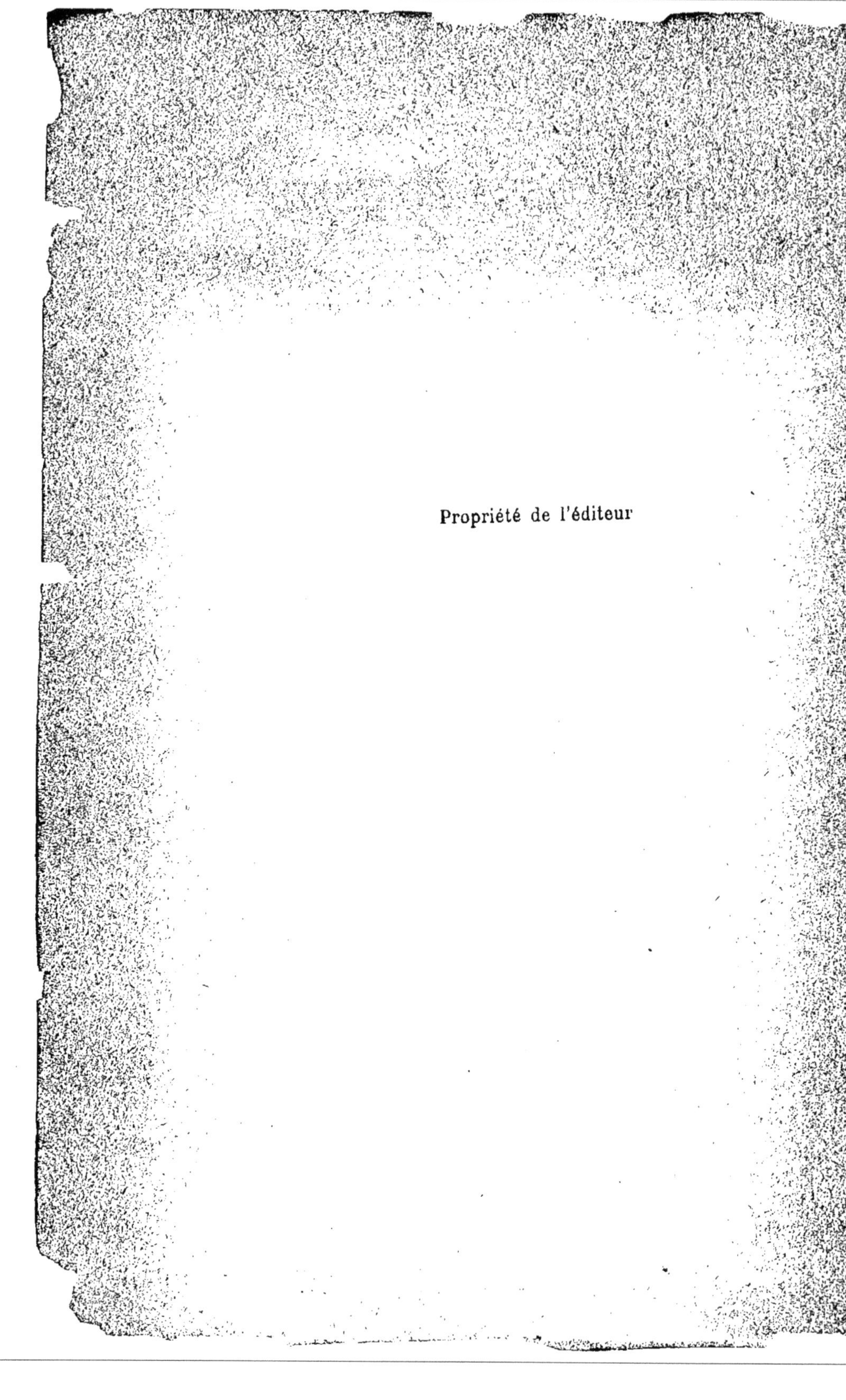

AUX VITICULTEURS

Exposer sommairement les faits acquis à la reconstitution des vignobles et décrire les procédés pratiques de la culture rationnelle de la vigne, telle est la pensée qui a présidé à la rédaction de ce petit travail.

Les diverses questions traitées dans ces instructions sont divisées en cinq parties :

La première est consacrée à l'étude des variétés. Chaque vigne américaine résistante est examinée séparément, soit au point de vue de sa valeur comme porte-greffe, soit à celui de son aptitude à la production directe. Un chapitre spécial est consacré à l'étude des Hybrides-Bouschet, *qui sont appelés à jouer un grand rôle dans les futures plantations.*

Dans la deuxième partie sont étudiés les procédés de multiplication : bouturage, marcottage, greffage. Ce dernier est le moins connu des vignerons ; l'auteur s'est efforcé de mettre à la portée de tous les diverses questions qui se rapportent à la greffe de la vigne.

L'assainissement et le défoncement du sol, le tracé et l'exécution de la plantation font l'objet de la troisième partie.

Pour donner le maximum de produits, la vigne doit recevoir annuellement une taille raisonnée et des façons d'ameublement soignées. Les opérations culturales et la fumure sont étudiées dans la quatrième partie. S'il est vrai que le fumier forme encore la base de la fertilisation du sol, il faut reconnaître qu'il devient de plus en plus insuffisant, et pour la vigne en particulier on est dans la nécessité de le compléter par l'achat d'engrais commerciaux. Nous avons donné des formules à l'aide desquelles les viticulteurs pourront acheter les matières premières et confectionner facilement à la ferme la fumure qu'il conviendra d'employer.

Le phylloxera n'est pas le seul ennemi de la vigne, beaucoup d'autres insectes lui font quelquefois une guerre acharnée ; dans ces dernières années une grave maladie : le mildew, *est venue s'ajouter à la liste déjà longue de ses fléaux. La dernière partie est réservée au traitement et aux divers moyens de se garantir de ces maladies.*

Pour résoudre ces divers problèmes, quelques observations personnelles nous ont servi ; mais, disons-le bien hautement, nous avons surtout mis à contribution les nombreuses recherches auxquelles ont pris part les hommes éminents qui se sont occupés de la reconstitution des vignobles.

C'est principalement aux travaux distingués de notre maître, M. G. Foëx, Directeur de l'École d'Agriculture de Montpellier, que nous avons fait le plus d'emprunts; qu'il reçoive ici la profonde reconnaissance de son élève.

Montpellier, le 15 janvier 1886.

INSTRUCTIONS PRATIQUES

SUR

LA RECONSTITUTION DES VIGNOBLES

PREMIÈRE PARTIE

CHOIX DES VARIÉTÉS

CHAPITRE PREMIER.

CONSIDÉRATIONS GÉNÉRALES SUR L'EMPLOI DES PRODUCTEURS DIRECTS ET DES PORTE-GREFFES.

La reconstitution des vignobles peut se faire de deux manières différentes : employer des ceps résistants et les greffer avec nos anciennes variétés françaises, ou choisir parmi les ceps américains ceux qui donnent directement des fruits.

L'adoption de l'une ou de l'autre de ces deux méthodes est subordonnée à certaines conditions que nous allons examiner. En premier lieu, il faut tenir compte du type de vin qui, dans les conditions où l'on se trouve placé, peut donner les bénéfices les plus élevés. En effet, le cépage contribue pour la plus grande part à la nature d'un vin ; il est vrai que le terrain et l'exposition ont aussi une grande influence sur la valeur d'un cru, mais tout le monde sait qu'il est impossible d'obtenir du Côte-Rôtie avec de l'Aramon, ni même de la Clairette pétillante avec du Chasselas, quelles que soient les conditions dans lesquelles ces deux variétés sont placées.

On comprendra aisément que la substitution sera encore plus difficile si l'on s'adresse aux vignes américaines, pour continuer à obtenir nos anciens vins très réputés. Aussi, toutes les fois que l'on aura intérêt à produire un type de vin déterminé, il faudra avoir recours aux porte-greffes pour nourrir nos vignes françaises.

Disons en passant que la qualité du produit de ces dernières n'est nullement modifiée par la greffe ; quel que soit le pied sur lequel on les place, le Muscat a toujours le même parfum, et les Pineaux de Bourgogne sont toujours aussi généreux.

Une autre raison peut aussi forcer à greffer. Les producteurs directs ne réussissent pas dans tous les sols, et il est des cas où il faut avoir forcément recours à la greffe, pour utiliser les milieux que l'on se propose de consacrer à la vigne.

D'un autre côté, il y a des vignerons qui redoutent de ne jamais trouver des ouvriers assez habiles pour greffer ; aussi ces personnes sont-elles disposées à adopter les producteurs directs, quelle que soit leur infériorité vis-à-vis des vignes françaises. Qu'elles se rassurent, car jusqu'ici les vignes ne sont jamais restées à greffer faute de greffeurs. Nous espérons, du reste, démontrer dans le cours de ce travail la simplicité de cette opération.

Certains terrains sont assez réfractaires au greffage, de manière à décourager les mieux disposés ; nous verrons, dans la suite, comment on surmonte ces difficultés.

En résumé, on adoptera les porte-greffes toutes les fois qu'il sera avantageux de produire un vin d'une qualité déterminée. Si l'on trouve un débouché suffisant pour écouler les produits que nous donnent les américains, il faudra s'adresser aux producteurs directs.

Les deux chapitres suivants sont destinés à l'étude des variétés comprises dans ces deux genres de production.

CHAPITRE II

LES PRODUCTEURS DIRECTS

Jacquez. — Cépage d'une grande vigueur, donnant un vin d'une coloration très-intense.

Il reprend facilement de bouture et se développe dans un très-grand nombre de terrains. Les sols marneux et argileux sans être humides lui conviennent particulièrement, pourvu qu'ils aient été ameublis profondément. Il ne redoute que les sols secs et calcaires à l'excès, et ceux où règne une humidité permanente.

Le Jacquez, étant très-vigoureux, demande à être planté à une grande distance et à être taillé long. Sa fructification augmente alors dans une très-large mesure, ainsi que cela a été démontré à l'École d'Agriculture (1).

On reproche au Jacquez d'être sujet aux maladies cryptogamiques et de donner un vin dont la couleur est peu stable. Le premier de ces défauts est évité en ne plaçant le Jacquez que dans les lieux élevés non exposés aux champignons de la vigne.

(1) Voir le *Progrès Agricole* du 15 novembre 1885. — *Le Jacquez et la taille à long bois.*

Pour assurer à son vin une belle couleur rouge et stable, — laquelle est exposée, si on ne prend pas de précaution, à passer au violet ou au jaune, — il faut vendanger un peu avant la complète maturité ou ajouter 80 gr. d'acide tartrique par hectolitre, comme l'a proposé M. Bouffard, professeur à l'École d'Agriculture.

Herbemont. — Réussit particulièrement dans les sols calcaires consistants et dans les terrains d'alluvion rouges à cailloux roulés. Son vin est faiblement coloré, mais il possède un bouquet apprécié et bien supérieur à celui du Jacquez.

Le rendement de ce cépage est assez faible et il ne peut guère s'élever au dessus de 30 à 40 hectolitres à l'hectare ; aussi l'Herbemont est-il peu répandu dans le Midi. Il se développe avec une très grande vigueur dans la Drôme, mais dans ces régions il sera arrêté pour d'autres raisons : la maturité tardive de ses fruits, et probablement aussi sa sensibilité au froid des hivers restreindront forcément son emploi dans nos vignobles septentrionaux.

Othello. — La résistance de ce cépage au phylloxera a été considérée longtemps comme douteuse. En effet, il faut bien dire qu'il a échoué sur un grand nombre de points et qu'il a été abandonné par beaucoup de propriétaires. Cependant, nous l'avons vu très beau dans quelques vignes, parmi lesquelles nous citerons celles de M. Sabatier à *Maurin, près Montpellier*, et de M. Robin, dans la *Drôme*.

Ces deux vignobles, situés à une très grande distance l'un de l'autre, ne sont pas sans présenter quelque analogie. Leur sol est rouge et de nature siliceuse.

L'Othello conservant toujours la même vigueur dans les deux cas, bien qu'il soit planté depuis 8 et 9 ans, nous sommes bien autorisé à penser que les échecs de cette variété ne doivent pas être attribués au phylloxera, mais aux milieux dans lesquels il a été placé. Aussi, considérons-nous l'Othello comme résistant, mais difficile au point de vue de l'adaptation.

On l'emploiera donc sans crainte dans les sols d'alluvions rouges de nature analogue à ceux qui viennent d'être signalés. Dans les autres terrains il faut être prudent et l'expérimenter en petit, avant de l'employer en grand, à moins toutefois que l'on se soit assuré à l'avance de sa réussite dans des milieux analogues à ceux dans lesquels on désire le placer (1).

La production de l'Othello est abondante, on signale des rendements atteignant et même dépassant 100 hectolitres à l'hectare. Son vin, riche en alcool, possède une très belle couleur, parfaitement stable. Il a, il est vrai, un goût spécial, mais qui semble s'atténuer à mesure que l'on remonte dans les vignobles septentrionaux. Du reste, cette saveur particulière est loin d'être aussi désagréable que le goût foxé de certains américains. Quelques personnes la considèrent même comme un parfum qui pourra être apprécié lorsque nos palais se seront un peu plus familiarisés avec ces nouveaux vins. Après plusieurs soutirages, l'arôme spécial tend à disparaître et le vin d'Othello

(1) En le conseillant dans les terrains rouges nous sommes loin de vouloir l'exclure des autres qui ne sont pas tout à fait de cette nature. Il y a sans doute des milieux, en dehors des terrains rouges, qui lui sont favorables. Pour notre part, nous l'avons vu très beau chez *M. Gaillard à Brignais (Rhône)*. Les sols de ce vignoble sont formés de débris des roches granitiques.

devient alors très acceptable. Une particularité de l'Othello est de souffrir sérieusement de l'action du soufre ; elle n'est pas très grave, car il est peu accessible à l'oïdium.

Cynthiana. — De même que le précédent il vient bien dans les sols rouges, mais principalement dans ceux qui contiennent une certaine proportion de cailloux.

A Saint-Georges près Montpellier, où ces deux conditions se trouvent réunies, il végète avec vigueur. Au contraire, on le voit faiblir dans la plupart des terres compactes et imperméables de notre région.

Sa production dans le Midi est assez faible, et sa culture ne peut être avantageuse que pour donner du corps et de la couleur aux vins faibles des plaines.

Dans le centre, il semble donner des produits plus abondants, et chez M. Robin qui le cultive en grand, la récolte de cette année était vraiment remarquable.

Le Cynthiana exige une taille à long bois, et convient particulièrement aux formes à grande arborescence, mais un espacement plus grand que celui qui était donné généralement à nos anciennes variétés, devient alors nécessaire pour obtenir un bon rendement sans affaiblissement de la souche.

On lui reproche de ne se mettre à fruits que tardivement, à la 5me ou même à la 6me année seulement.

Cet inconvénient est évité, en partie du moins, par l'adoption des méthodes de taille à grand développement. En effet, nous avons vu des treilles de 3 ans, avec longs bois, chez M. Robin et chez M. Gaillard, qui étaient chargées de raisins ; sur des pieds plus âgés taillés en gobelet avec coursons de 2 yeux, la végétation peut être vigoureuse, si le sol convient au Cynthiana, mais les fruits se font attendre très longtemps.

Un autre reproche non moins grave que l'on peut adresser au Cynthiana est la difficulté qu'il oppose au bouturage. Il n'est pas rare, en effet, de voir des reprises de 10 ou 12 °/₀. Cette difficulté peut être atténuée, il est vrai, dans une certaine mesure, en traitant convenablement les boutures avant la plantation, mais il est préférable de le faire passer par la pépinière, et de ne mettre en place que des Cynthianas racinés.

En procédant ainsi, on augmente peut-être un peu le prix de revient, mais on est sûr d'avoir une plantation régulière et uniforme.

Producteurs directs secondaires. — D'autres cépages, tels que le *Blac-July*, le *Cunningham*, ont été proposés et même employés sur d'assez grandes surfaces pour la production directe. Ces deux vignes ne sont pas, il est vrai, très difficiles sur le choix du terrain, mais ne donnant que des rendements assez faibles, elles sont à peu près abandonnées maintenant. Le Cunningham, en général, a donné d'assez belles greffes, mais les autres porte-greffes lui sont bien supérieurs.

D'autres, tels que le *Triumph*, le *Noah*, le *Delaware*, le *Senasqua*, le *Black Defiance*, ne sont pas suffisamment étudiés, pour qu'on puisse les employer en grand.

D'ailleurs, ces cépages ont presque tous un goût foxé prononcé, ce qui les éloignera encore pour longtemps de nos cultures.

CHAPITRE III

LES PORTE-GREFFES

Riparia. — C'est certainement le cépage le plus répandu comme porte-greffe. Il reprend facilement de bouture, s'allie très bien avec la plupart des greffons français, et prospère dans un très grand nombre de sols.

Cependant tous les Riparias sont loin d'avoir autant de qualités. Il existe un grand nombre de variétés de valeur bien différente, qui jusqu'ici n'ont pas encore pu être classées convenablement.

C'est que les caractères distinctifs de chaque type varient souvent, selon les terrains et le climat dans lesquels les Riparias sont placés.

De là, l'origine de tous ces noms plus ou moins pompeux, que quelques vendeurs de boutures donnent aux produits dont ils sont détenteurs. Aussi les personnes désireuses de se procurer des plants sont souvent fort embarrassées sur le choix à faire, devant cette multitude d'appellations.

Le meilleur moyen pour l'acheteur serait de s'assurer de la qualité du produit sur place, et surtout d'avoir vu les Riparias pendant la végétation.

Mais ce procédé n'est pas toujours possible, et bon nombre d'agriculteurs qui veulent en hiver effectuer des plantations, ne songeaient pas, en été, aux vignes américaines, ou tout au moins n'étaient pas fixés sur le choix du porte-greffe.

Leur conseiller d'attendre serait une perte de temps, il faut alors forcément s'adresser à des commerçants honnêtes, lesquels heureusement, quoi qu'on en ait dit, sont encore nombreux.

S'il est impossible d'établir une classification rigoureuse et complète des Riparias, il ne faut cependant pas abandonner toute idée de classement. Ainsi, au point de vue pratique, sans s'attacher à des caractères secondaires, comme la couleur des sarments, la densité du bois.... etc., il est nécessaire, d'éliminer tous les sujets grêles, dont les pousses sont chétives et les feuilles de petite dimension.

Les pieds vigoureux seront groupés en 2 classes, selon qu'ils ont des poils sur la face inférieure des feuilles et des sarments, ou qu'ils sont parfaitement glabres.

Nous aurons alors les 2 types suivants, qu'il importe d'étudier séparément au point de vue de l'adaptation.

1° *Riparia tomenteux.* — S'accommode d'un grand nombre de terrains, mais il réussit mieux que le glabre dans ceux qui sont un peu humides. Par contre, il redoute les milieux trop secs.

2° *Riparia glabre.* — Il présente des aptitudes opposées au précédent, il peut être planté dans les sols arides, dans nos garrigues desséchées du Midi, à condition que le rocher soit fendillé et accessible aux racines de cette vigne.

Jacquez. — Nous l'avons déjà examiné comme producteur direct, nous ne reviendrons donc pas sur les terrains dans lesquels il prospère. Faisons remarquer, en passant, que le Jacquez, devant être greffé, peut être placé dans tous les sols où il peut se développer convenablement, sans restriction pour ceux dans lesquels sévissent avec intensité le Peronospora et les autres maladies cryptogamiques. Si les productions aériennes du Jacquez craignent le mildiou, il n'en est pas de même des greffons que nourrissent ses racines. Les greffons se comportent, *à ce point de vue*, absolument comme s'ils vivaient sur un autre porte-greffe.

Il y a quelques années, le Jacquez était exclusivement employé pour la production de ses fruits ; l'invasion du mildiou ayant amené un certain nombre de viticulteurs à le greffer, on a bien vite reconnu sa valeur comme porte-greffe.

La plupart de nos anciens cépages à grande production s'allient très bien avec lui, et prennent généralement un développement considérable. Il possède, en outre, l'immense avantage de pouvoir être greffé à un âge relativement avancé ; les Riparias dans ces conditions donnent lieu à de nombreux échecs.

Cette propriété du Jacquez peut être utilisée lorsque, pour des raisons quelconques, on n'est pas satisfait des résultats qu'il donne comme producteur direct. On lui fait porter des cépages français, et deux ans après la production ne s'en ressent pas.

Rupestris. — D'abord conseillé pour les vignes établies sur des sols caillouteux de peu de profondeur, le Rupestris a été ensuite essayé dans de meilleurs terrains. Il est encore peu répandu, mais les résultats qui ont déjà été obtenus nous permettent de le considérer comme un porte-greffe d'une grande valeur. Sa place est dans les sols pierreux et stériles, mais il ne faut pas craindre de l'employer dans d'autres milieux. A l'École d'agriculture, dans les terrains argilo-calcaires consistants sans être humides, il se comporte admirablement. Les Gamays, parmi les cépages avec lesquels il a été greffé, sont d'une vigueur remarquable.

Le Rupestris ne reprend pas très bien au bouturage,

mais on peut augmenter les chances de réussite dans une large mesure, en conservant et en préparant convenablement les boutures.

Solonis. — Cépage très singulier au point de vue de son adaptation au sol ; dans les argiles très humides, c'est le Solonis qui se comporte le mieux ; il en est de même des sols crayeux, tufacés, et ceux provenant des marnes blanches, dans lesquels la presque totalité des cépages américains échouent et se chlorosent au bout de quelques années.

Dans ces deux genres de terrains, de nature si opposée, le Solonis ne prend peut être pas toujours tout le développement dont il est susceptible, mais il est incontestablement supérieur à toutes les autres vignes du Nouveau-Monde. Sur les sols salés, où nul autre cépage ne peut venir, le Solonis réussit assez bien.

Dans les autres terrains les résultats ne sont pas constants ; nous l'avons vu très beau dans un sol granitique au pied des montagnes, dans le département de l'Ardèche, tandis qu'il faiblit souvent dans les sols où domine le calcaire.

Devons-nous en conclure que les sols granitiques lui conviennent et que les sols calcaires lui sont défavorables ? Les quelques faits que nous avons à notre connaissance semblent répondre affirmativement, mais ils ne sont pas encore assez nombreux pour généraliser ces conclusions.

Une particularité à noter chez cette vigne c'est que tous les pieds se ressemblent, il n'y a pas de sous-variétés de Solonis. Aussi les plantations présentent une régularité parfaite — quand le milieu lui convient — que n'ont pas les autres cépages américains.

Sa reprise au bouturage n'est peut-être pas aussi sûre que celle des Riparia, mais elle s'opère encore assez facilement. On a remarqué que les gros sarments, dont la moelle est fort développée, restent souvent sans pousser ; les boutures moyennes sont bien meilleures et donnent lieu à des réussites plus nombreuses.

En résumé, le Solonis a sa place dans les terres blanches, marneuses ou crayeuses, dans les sols humides ; quant aux autres milieux, ses résultats ne sont pas assez constants et les autres porte-greffes lui seront préférés.

York-Madeira. — Cette vigne s'accommode des sols rocailleux, très secs, dans lesquels le Riparia ne peut venir.

La végétation du York est faible, mais dans les terrains plus profonds et de meilleure qualité que ceux que nous avons cités, il prend un plus grand développement. Néanmoins, il n'est pas prudent de le greffer avec des vignes très vigoureuses. On le signale comme portant très bien les greffes de la *Carignane* et de l'*Etraire de l'Adhuis*. Nous l'avons vu dans les environs de Lyon greffé en *Péloursin* et en *Persan*. Ces deux cépages dauphinois se développaient sur le York avec une vigueur remarquable.

Son développement est faible dans son jeune âge, aussi est-on obligé d'attendre à la 2me et même 3me année pour le greffer.

Vialla. — Dans le centre de la France, ce cépage occupe le premier rang parmi les porte-greffes.

Il joue, dans le Lyonnais et le Beaujolais, le même rôle que le Riparia dans le Midi. C'est qu'en effet, il donne dans les sols frais et meubles, qui sont ses milieux de prédilection, des résultats extrêmement remarquables.

Il reprend facilement au bouturage, réussit particulièrement lorsqu'il est employé comme greffe-bouture.

Si on joint à cela qu'il donne des soudures parfaites, notamment avec le Gamay, qui est le cépage le plus répandu dans les vignobles qui avoisinent Lyon, on s'explique aisément sa grande réputation.

Si dans cette région la reconstitution est déjà très avancée, la réussite du Vialla, au début de l'emploi des vignes américaines, y est bien pour une large part.

Malheureusement, il ne conserve pas toujours toutes ces qualités dans le midi de la France, ce n'est guère que dans les plaines basses formées d'alluvions fraîches et fertiles, et les coteaux à terrains rouges, qu'il réussit convenablement.

Taylor. — Ce cépage a été tour à tour prôné et déprécié, cependant il a bien quelque valeur. A l'École d'Agriculture, dans les collections américaines, il occupe un des premiers rangs.

Des greffes très anciennes, datant de 8 à 10 ans, sont encore fort belles et n'ont jamais faibli. Le sol de ces collections est fortement calcaire, ce qui semble en effet convenir très bien au Taylor.

Dans les autres vignes de l'École, le Riparia lui est supérieur. Le même fait s'est produit sur beaucoup d'autres points, c'est ce qui explique son délaissement.

CHAPITRE IV

VARIÉTÉS AMÉRICAINES A EMPLOYER SELON LES TERRAINS

Aperçu général. — Nous connaissons maintenant les cépages américains — ceux du moins qui nous paraissent les meilleurs —, comment ils se comportent dans tel ou tel terrain, leur aptitude au point de vue du greffage ou de la production directe. Il est nécessaire de relier ces diverses indications en les résumant dans un tableau qui comprendra les principaux terrains et les variétés qui doivent être cultivées dans chacun d'eux. Mais jetons auparavant un coup d'œil sur quelques particularités que présente la culture de la vigne dans les circonstances actuelles.

Extension de la vigne avant le phylloxera. — Avant l'invasion de cet insecte, la vigne occupait une très grande place dans nos départements méridionaux. — D'abord reléguée dans les sols les plus ingrats, où aucune autre culture ne pouvait prospérer, elle s'était peu à peu répandue dans les terrains fertiles, où elle prenait un beau développement.

Peu difficile sur la nature du sol et donnant des rendements très élevés, elle occupait la presque totalité de nos cultures en Languedoc et en Provence, il y a 12 ans.

Résistance et adaptation. — Si les anciennes variétés françaises avaient le privilége de réussir à peu près partout — nous disons à peu près, car nous allons signaler un cas de mort de ces vignes dans un milieu qui ne lui convenait pas —, il n'en a pas été de même des vignes exotiques résistant aux piqûres du phylloxera. Nous n'avons pas eu l'avantage de trouver des espèces aussi complaisantes pour repeupler nos terrains si variés.

Aussi la reconstitution actuelle diffère-t-elle beaucoup des plantations anciennes. Autrefois on ne se préoccupait que du climat et de la situation afin d'éviter les gelées ou faciliter la maturation. Aujourd'hui, ces diverses questions sont devenues secondaires ; l'important est de bien choisir les variétés qui se plaisent dans le sol que l'on se propose de replanter.

Ce choix constitue l'*adaptation*, question bien distincte de la *résistance*.

Notre but n'est pas de nous étendre sur la deuxième question ; les faits acquis sont pour elle la meilleure des démonstrations. Les vignes du Nouveau-Monde les plus anciennes en France qui ont été plantées dans les terrains qui leur convenaient, restent debout ; c'est dans les régions où il y a le plus de vignes américaines que les plantations se font le plus activement en ce moment.

Mais si, en principe, la *résistance* est assez certaine pour qu'on se livre à la culture en grand des cépages américains, on ne saurait trop étudier l'adaptation au sol.

Cette question, du reste, n'est pas spéciale aux vignes importées de l'autre côté de l'Océan, tous les végétaux ont des préférences particulières ; les variétés françaises ne prospèrent pas indifféremment dans tous les terrains. Nous avons vu des *Gamays* mourir avant l'invasion phylloxérique, dans des terres rouges du Dauphiné, tandis qu'ils étaient très-beaux dans la même région, mais dans des sols de nature différente.

La non-réussite de certaines plantations n'a donc rien de surprenant, étant donnés les terrains variés dans lesquels on a reconstitué, et le peu de renseignements que possédaient les premiers planteurs.

Mais si l'étude de l'adaptation était hérissée de difficultés au début, aujourd'hui elle est bien simplifiée, et les échecs deviennent de plus en plus rares.

En mettant à profit les résultats obtenus et que nous avons résumés dans le tableau suivant, on peut être assuré de la réussite.

Principaux types de terrains avec les variétés qui doivent y être cultivées

1° Terres humides en général : *Solonis;*

2° Terres marneuses ou argileuses, compactes, mais dans lesquelles l'eau ne séjourne pas après les périodes pluvieuses : *Jacquez*, *Taylor;*

3° Terres franches très fraîches par suite de leur situation sur les bords des rivières : *Riparia tomenteux;*

4° Terres franches un peu sèches : *Jacquez, Riparia glabre;*

5° Terres d'alluvions fertiles, meubles et fraîches : *Vialla*, *Riparias*, *Jacquez ;*

6° Terres rouges, siliceuses et fraîches : *Riparias, Othello*, *Jacquez, Vialla ;*

7° Terres rouges à cailloux roulés : *Riparias, Cynthiana*, *Herbemont, Vialla, Jacquez;*

8° Terres granitiques profondes : *Jacquez* , *Riparias, Solonis*, *Othello ;*

9° Terres granitiques peu profondes avec sous-sol formé de roche fendillée : *Riparia glabre, York;*

10° Terres calcaires (1) profondes et consistantes : *Rupestris, Riparias ;*

11° Terres calcaires légères à sous-sol rocailleux : *Rupestris, York ;*

12° Terres calcaires profondes avec débris de petits cailloux : *Herbemont, Riparia ;*

13° Terres d'apparence blanchâtre, formées par de la marne blanche, des débris de tufs ou de craie : *Solonis ;*

14° Terres salées : *Solonis.*

CHAPITRE V

VARIÉTÉS FRANÇAISES A GREFFER SUR LES PORTE-GREFFES RÉSISTANTS

L'aptitude des différents porte-greffes à porter tel ou tel cépage français paraissait très difficile à connaître au début de l'emploi des vignes américaines. Il n'était pas très facile, en effet, de séparer cette question de sympathie entre deux cépages, de celles qui se rapportaient à l'adaptation ou à la résistance. A quoi attribuer un échec de greffage, se demandait-on souvent ? Était-ce au défaut d'union entre les deux vignes, ou à la non résistance du sujet ? L'inspection des ceps ne pouvait pas toujours résoudre ces divers problèmes, ce qui devenait très embarrassant.

Aujourd'hui cette question est bien moins compliquée : d'après de nombreuses expériences, on a pu s'assurer que les cas d'antipathie des divers porte-greffes pour les vignes françaises étaient fort rares.

(1) Les sols calcaires sont ceux qui produisent un bouillonnement avec dégagement de gaz, lorsqu'on y verse un acide ou du bon vinaigre.

En pratique, le meilleur moyen de réussir est de *greffer dans les terrains à reconstituer les variétés qui y étaient cultivées avec succès avant le phylloxera.*

Mais les anciennes variétés cultivées autrefois dans les plaines sont insuffisantes pour satisfaire les exigences actuelles du commerce. Leurs vins sont trop légers et manquent de couleur.

Par suite de la demande générale des vins riches en couleur, les cépages à jus coloré, notamment les hybrides Bouschet, ont pris une très grande importance. Nous leur consacrerons les pages suivantes, car ils jouent maintenant un rôle prépondérant dans le greffage des vignes du Nouveau-Monde.

Hybrides Bouschet. — On connaît l'origine de ces cépages à jus très coloré. M. F. Bouschet, voulant augmenter la puissance colorante de nos cépages les plus répandus, tout en leur conservant leur abondante fructification, a utilisé le procédé bien connu des horticulteurs : l'*hybridation.*

Pour arriver, il s'est servi du Teinturier, cépage remarquable par la coloration extraordinaire de ses fruits : la pellicule des raisins et la pulpe sont d'un rouge excessivement foncé. Les souches sont très faibles comme vigueur, et elles se reconnaissent aisément à la couleur de leurs feuilles en été, qui longtemps avant leur chute passent au rouge vineux.

En enlaçant au moment de la floraison les branches de Teinturier et d'Aramon, il s'est produit une fécondation des fleurs de l'un de ces cépages par celles de l'autre. Le résultat de cette union accidentelle a donné lieu à des pépins, qui, semés, ont reproduit des pieds intermédiaires entre l'Aramon et le Teinturier. Le premier résultat obtenu a été le *Petit Bouschet,* déjà très répandu dans nos cultures.

Les premières recherches entreprises par M. Bouschet père ont été continuées ensuite par son fils avec une persévérance et un zèle infatigables. Il est arrivé, en continuant l'hybridation avec les principaux cépages méridionaux et en se servant du *Petit Bouschet*, à une collection de types nouveaux dont quelques-uns présentent une réelle valeur.

Nous allons examiner, au point de vue de leur fructification, ceux qui sont les plus intéressants à multiplier.

Petit Bouschet. — Comme nous l'avons déjà dit, c'est le plus anciennement connu. Il donne un vin coloré, ce qui lui a fait prendre une très grande extension dans ces dernières années. Son rendement, sans être comparable à celui de l'Aramon, atteint cependant quelquefois des chiffres fort respectables. On lui reproche avec raison la faiblesse alcoolique de son vin.

Il vient très bien sur *Riparia* ainsi que sur *Jacquez* et *Vialla*.

Alicante Bouschet. — Bien supérieur au précédent par sa coloration et sa richesse alcoolique. Sa production est en outre très élevée, ce qui le fait très rechercher maintenant.

Il y a plusieurs types d'Alicante Bouschet, sur les caractères desquels on n'est pas encore bien d'accord.

Néanmoins l'Alicante Henri Bouschet est assez bien caractérisé, et c'est assurément le meilleur. Nous avons vu à La Valette près Montpellier et au Mas de las Sorres l'Alicante Henri Bouschet greffé sur Riparia, sa fructification était extraordinaire. Des pieds greffés sur Riparia d'un an, portaient, à leur deuxième feuille, de 25 à 35 grappes.

Le seul reproche qu'on puisse lui adresser est de débourrer trop vite et d'être pour cette raison exposé aux gelées du printemps.

Les autres hybrides d'Alicantes sont : l'*Alicante Bouschet* N° 1, l'*Alicante Bouschet* N° 2, l'*Alicante Bouschet à sarments érigés* et *l'Alicante Bouschet extra-fertile*.

Aramon teinturier Bouschet. — L'un des plus fertiles, son vin est aussi coloré que celui du *Petit Bouschet*, mais sa richesse alcoolique est bien supérieure. Son débourrement tardif le rend moins accessible aux gelées printanières. Toutes ces qualités font de lui un cépage très recommandable.

Aramon Bouschet N° 1. — Sa fructification est un peu moins abondante que celle du précédent.

Terret Bouschet. — Remarquable par sa fructification, mais la coloration de ses fruits n'est pas aussi intense que celle des autres hybrides que nous venons d'examiner. Il débourre tardivement.

Aspiran Bouschet. — Le premier des hybrides, au point de vue de la coloration ; malheureusement sa production est assez faible.

Carignan Bouschet. — D'après M. Bouschet fils, il présente tous les avantages du Carignan ordinaire, sans être aussi exposé aux maladies cryptogamiques.

On a beaucoup parlé dans ces derniers temps de plusieurs cépages étrangers : le *Bobal*, le *Macaroly* et le *Portugais bleu*, comme pouvant être avantageux à introduire dans nos cultures.

Les deux derniers seuls sont intéressants, le Macaroly par sa grande fertilité et le Portugais bleu par sa précocité; cette qualité lui permettra d'être cultivé comme raisin de table.

Quant au *Bobal*, il a de beaux fruits, mais ils ne sont pas assez nombreux et son rendement est trop faible dans notre région.

DEUXIÈME PARTIE

MULTIPLICATION DE LA VIGNE

CHAPITRE PREMIER

DU BOUTURAGE

Définition. — Le bouturage est l'opération qui consiste à détacher un fragment d'une plante et à la mettre en terre pour la faire enraciner.

La bouture de vigne est généralement une partie d'un rameau de l'année précédente séparée de la souche à la taille d'hiver et confiée au sol au printemps. On peut aussi employer les pousses de l'année pendant l'été, mais ce mode de bouturage est peu usité.

Avant le phylloxera, le bouturage était à peu près le seul moyen de multiplication employé dans la création d'un vignoble ; aussi, la facilité avec laquelle une vigne reprend de bouture est un élément important à considérer dans le choix des variétés. Beaucoup de cépages américains, parfaitement résistants, ont été rejetés à cause des difficultés qu'ils opposaient à ce mode de multiplication.

Récolte des boutures. — Les vignes, dont les sarments sont destinés au bouturage, doivent être taillées pendant la morte saison, quand les rameaux sont bien aoûtés.

Aussitôt taillés, les pampres sont coupés à la longueur voulue et réunis en paquets pour être expédiés ou conservés dans l'exploitation. Il ne faut jamais laisser les branches sur le sol, le meilleur est de les faire ramasser en même temps que l'on taille, afin qu'elles ne se dessèchent pas.

Choix des boutures. — On ne doit prendre les boutures que sur des vignes vigoureuses, dont la végétation s'est accomplie normalement. Il faut rejeter celles qui sont produites par des souches dont les feuilles ont jauni en été ou qui ont été attaquées par des maladies cryptogamiques.

Les sarments atteints par la grêle seront également éliminés.

Si l'on a affaire à des producteurs directs, il est très-utile de choisir les souches qui sont les plus fructifères, et dans chaque souche les rameaux ayant porté le plus grand nombre de grappes.

Les pieds sujets à la coulure doivent être écartés, car ils donnent lieu à des ceps ayant le même défaut.

Pour les porte-greffes, il faut surtout tenir compte de la vigueur, et ne multiplier que les pieds dont les sarments ont un diamètre suffisant.

Transport des boutures. — Les précautions à prendre pour que les sarments ne s'altèrent pas varient selon le temps nécessaire au voyage.

Si les boutures sont emballées immédiatement après avoir été coupées et si elles ne doivent rester que quelques jours, on peut se contenter de les entourer d'une certaine quantité de paille. Il faut avoir soin d'en mettre une plus grande épaisseur aux deux extrémités des tiges, car ce sont ces points qui se dessèchent le plus vite.

Pour de grandes distances, et dans le cas où les paquets subissent des arrêts en route, il est nécessaire de mettre à la base des sarments de la mousse légèrement humide et de les placer dans des caisses dont l'intérieur est garni de fort papier.

Enfin, pour une traversée assez longue, et lorsqu'on n'est pas bien fixé sur le temps nécessaire au transport, il faut encore prendre plus de précaution ; on place ces boutures dans des caisses bien jointes et on les entoure de tous côtés d'une épaisseur de 10 à 15 centimètres de sable ou de terre très-meuble. Les paquets sont séparés par cette matière pulvérulente, et il ne faut pas craindre de la faire pénétrer entre les sarments.

En fermant de manière à serrer fortement le tout, on a un emballage qui peut rester très-longtemps sans qu'il y ait la moindre altération.

A l'arrivée, les boutures seront déballées immédiatement et conservées jusqu'à la plantation, en employant l'un des modes suivants :

1° *Conservation à l'eau courante.* — C'était le procédé employé autrefois par la plupart des vignerons.

En taillant tardivement, et en effectuant les plantations de bonne heure, ce moyen de conservation n'a pas beaucoup d'inconvénients.

Mais, pour diverses considérations que nous examinerons plus tard, on a été amené à retarder la mise en place ; la conservation des boutures à l'eau devient alors très défectueuse, et elle doit être abandonnée.

Ces boutures débourrent longtemps avant les souches en pleine terre, comme on peut facilement s'en rendre compte. Transplantées dans un milieu plus sec, elles subissent alors un temps d'arrêt dans leur évolution ; les bourgeons développés se dessèchent et tombent, ceux qui commençaient à débourrer continuent à pousser une fois les boutures en place, mais ils ne sont guère mieux favorisés.

Une légère gelée ou un retour de froid suffit pour les faire périr.

Les boutures qui perdent ainsi leurs bourgeons dans leur premier âge, au moment où les racines vont se former, ne reprennent que très rarement ou tout au moins végètent misérablement pendant la première année.

La conservation dans l'eau doit donc être abandonnée, sauf dans le cas où l'on reçoit des boutures quelques jours seulement avant la plantation, et surtout si elles se sont un peu desséchées en voyage. Il faut alors prendre de grandes précautions pour les transporter sur le champ, et elles doivent être entourées d'un sac mouillé pour éviter la trop grande évaporation.

2° *Conservation dans le sol.* — Consiste à ouvrir de petites tranchées, dans lesquelles les boutures sont placées horizontalement.

Ce procédé donne d'excellents résultats, à condition d'opérer dans des terrains perméables où l'eau ne séjourne jamais.

Si le terrain est un peu fort, on recouvre les boutures de sable, en ayant soin de faire pénétrer celui-ci entre les sarments.

Il ne faut pas mettre les boutures trop épaisses, et toujours les recouvrir de 25 à 30 centimètres de terre.

3° *Conservation dans le sable en stratification.* — Ce mode de conservation est maintenant usité en grand, dans le midi de la France.

Pour stratifier les boutures on place celles-ci par lits de 12 à 15 centimètres d'épaisseur, alternant avec des couches de sable de 10 centimètres. On commence par placer les sarments horizontalement les uns à côté des autres, en ayant soin de ménager une couche de sable de 30 centimètres au moins à l'extérieur. Les couches se succèdent, et le tas est terminé par une épaisseur suffisante de sable ou de terre franche.

La stratification est établie, de préférence, dans un cellier ou une grange fermée. Le sable doit être sec et être le plus fin possible.

Des diverses formes de boutures. — Selon la longueur ou la partie du sarment que l'on utilise pour la multiplication, on a les divers types de boutures suivants :

1° *Boutures à un œil.* — Consiste à isoler les bourgeons d'un rameau, en coupant chaque mérithalle par le milieu.

Ces fragments, formés par un œil et quelques centimètres de bois de chaque côté, sont semés dans des raies comme s'il s'agissait d'un semis ordinaire.

Lorsqu'il y a reprise le bourgeon unique donne dans l'année une pousse vigoureuse avec des racines pivotantes très développées. Malheureusement il est à peu près impossible de réussir en grande culture et même dans un jardin ordinaire ; il serait nécessaire d'avoir des serres, des couches, des cloches, du bon terreau, en un mot tous les auxiliaires dont se servent les horticulteurs pour multiplier leurs plantes délicates.

La bouture à un œil conseillée au moment où le bois américain était d'un grand prix, doit-être abandonnée.

2° *Bouture à crossette.* — On appelle crossette le bois de 2 ans qui accompagne le sarment de l'année.

En laissant ainsi son empâtement intact, on conserve au rameau les bourgeons de la base, lesquels sont très favorables à l'enracinement.

Seulement le vieux bois étant sujet à la pourriture

peut déterminer l'altération de la bouture et empêcher sa reprise.

Cet inconvénient est évité en adoptant le mode suivant.

3° *Bouture à talon.* — Le talon ou empâtement est la partie du bois d'un an située immédiatement audessus du point de son insertion sur la branche principale. Les boutures munies de cet empâtement reprennent plus facilement ; elles ont tous les avantages de la crossette, et ne sont pas sujettes à s'altérer.

4° *Boutures à rameau ordinaire.* — Depuis l'invasion phylloxérique, il a fallu économiser le bois, aussi est-on forcé d'utiliser, non-seulement la base, mais aussi la partie terminale du pampre.

Il est évident que si l'on avait à choisir, les premières devraient être préférées ; mais dans les circonstances actuelles il faut tout employer. Les boutures de l'extrémité, du reste, peuvent donner de bons résultats pourvu que le bois soit bien aoûté et que l'on ait soin d'éliminer celles dont le diamètre est trop faible.

De la longueur et du diamètre à donner aux boutures. — Si on ne considère que le développement de la plante, on peut dire que les boutures les plus courtes sont les meilleures.

D'un autre côté, celles qui sont plantées profondément en terre résistent mieux à la sécheresse et offrent plus de chance à la reprise.

Il faut prendre une moyenne et adopter des boutures de 30 à 45 centimètres, selon les terrains dans lesquels on effectue la plantation.

Les boutures à diamètre moyen sont celles qui réussissent le mieux, celles dont le diamètre est bien faible, mais dont les bourgeons sont très-rapprochés, s'enracinent très facilement, malheureusement leur développement dans la première année qui suit la plan tation s'en ressent toujours.

Dans les variétés à moelle très développée, il faut éviter d'employer les sarments trop gros.

Préparation des boutures. — Plusieurs variétés américaines étant très difficilement bouturées, on a imaginé divers moyens destinés à favoriser l'enracinement.

Voici les principaux procédés employés à cet effet :

1° *Enlèvement de l'écorce.* — Les racines d'un végétal prennent naissance sur une partie du sarment comprise entre l'écorce et le bois ; en râclant l'écorce on détermine à ce point une boursouflure, laquelle ne tarde pas à se transformer en racines.

L'expérience, du reste, a démontré que cette opération augmentait toujours les chances de reprise ; elle se pratique au moment de la plantation, sur les deux intervalles qui séparent les premiers bourgeons.

2° *Ecrasement et torsion des boutures.* — Ces deux procédés, tout en provoquant l'émission des racines, peuvent déterminer la pourriture par suite de la désorganisation des tissus du sarment.

Étant inférieurs au râclage, la torsion et l'écrasement de la base des boutures ne doivent jamais être employés.

Epoque de la plantation. — Les boutures ne doivent être plantées que lorsque le sol est suffisamment réchauffé. De cette façon l'enracinement a lieu tout de suite et les sarments ne sont pas exposés à la pourriture ou à d'autres altérations.

En général, on peut dire que les plantations tardives sont toujours préférables, à condition que les sarments aient été bien conservés. On évite ainsi les gelées de printemps et les arrêts de végétation très préjudiciables aux jeunes pousses.

On peut commencer les plantations à la fin du mois de mars dans les terrains secs et bien exposés ; mais si l'on a affaire à un terrain humide et surtout si l'année est froide et pluvieuse, il faut attendre fin avril et mai.

Profondeur à laquelle on doit planter. — La profondeur étant déterminée par la longueur des boutures, il est nécessaire de faire varier ces dernières selon les milieux dans lesquels on doit opérer.

Il faut planter plus profondément dans les sols secs et arides que dans les terrains frais. En plantant à une faible profondeur on a moins de racines, mais elles sont plus développées, et la plante acquiert plus vite une grande vigueur. Seulement la nécessité de placer les boutures dans des conditions de fraîcheur suffisante oblige à planter dans les terrains caillouteux à 30 et même à 40 cent. de profondeur.

Exécution de la plantation. — La plantation se fait de plusieurs manières, mais quel que soit le mode que l'on adopte, il importe de prendre certaines précautions.

Les boutures transportées du lieu de conservation au champ doivent être préservées avec soin du dessèchement ; il est nécessaire de les entourer d'une toile mouillée. Avant de les mettre en place, il est indispensable de rafraîchir les plaies, afin d'enlever les parties terminales qui pourraient être la cause d'altérations futures.

1° *Plantation par fosse.* — L'emplacement du pied étant déterminé par un roseau, l'ouvrier le remplace par une fiche en fer ; il creuse d'un côté de cette fiche une petite fosse de 30 à 35 centimètres de profondeur et autant de largeur.

La bouture légèrement coudée à la base est fixée contre la fiche, et on l'assujettit en tassant autour d'elle de la terre meuble.

Ce procédé permet de mettre une certaine quantité de fumier ou de terreau au pied de la bouture et de favoriser ainsi son premier développement.

2° *Plantation au pal.* — Ne peut être employée que dans les terrains récemment défoncés. Pour l'exécuter, on enfonce le pal à l'endroit déterminé et à la profondeur voulue. Le sarment est placé dans le trou aussitôt le pal retiré, et on le tasse ensuite fortement avec de la terre fine.

L'exiguité du trou ne permet pas de mettre des engrais volumineux en contact avec la bouture, mais on peut se servir avec avantage d'un mélange formé de *sable*, de *terreau* et de *cendre*.

Une des conditions indispensables à la reprise de ce mode de plantation est le tassement qui doit être pratiqué d'une façon irréprochable. La base de la bouture surtout doit être tassée fortement.

3° *Plantation à la bêche.* — Se pratique en écartant le sol avec une bêche et en resserrant la terre avec le même instrument une fois que les boutures sont en place.

La plantation à la bêche peut être employée dans les pépinières où les boutures sont très-rapprochées dans les rangées. Si le terrain est très-meuble et d'excellente qualité, la réussite est généralement satisfaisante avec ce procédé.

4° *Plantation par tranchées continues.* — Ce mode est aussi employé dans les pépinières ; on ouvre une tranchée, les boutures placées à l'écartement voulu sont disposées le long de l'une des parois de la tranchée. Il faut ensuite, comme dans la plantation par fosse, amonceler et tasser de la terre meuble à la base des sarments et y répandre l'engrais s'il y a lieu.

La terre de la deuxième tranchée sert à combler la première, et la plantation se continue de la même façon.

CHAPITRE II

DU MARCOTTAGE

Définition et emploi. — Le marcottage est l'opération par laquelle on fait enraciner un rameau ou un pampre de l'année sans le séparer du pied mère.

Il était employé à peu près exclusivement autrefois pour remplacer les vides dans les vignes, mais depuis le phylloxera son emploi s'est étendu, et il a été utilisé pour multiplier les espèces difficiles à bouturer.

Il y a plusieurs modes de marcottage que nous allons examiner successivement :

1° *Marcottage par provignage.* — Consiste à coucher complétement la souche dans une fosse et à faire relever les sarments en dehors du sol.

Un de ces sarments doit être plié de manière à revenir à la place qu'occupait la souche avant d'être couchée ; les autres sont dirigés sur les divers points où il y a un vide à combler.

2° *Marcottage ordinaire.* — Dans ce mode de multiplication, la souche mère est laissée en place, mais on couche en terre un ou plusieurs de ses sarments pour les faire enraciner.

La marcotte, comme le provin, est employée pour combler les vides, mais elle peut être aussi utilisée pour obtenir des plants enracinés.

Dans le premier cas, on creuse entre le pied mère et le vide à remplacer une petite tranchée de 30 centimètres de profondeur, au fond de laquelle le sarment est couché ; ce dernier est ensuite relevé à la place qui lui est assignée.

Quand ce nouveau pied est bien enraciné, on le sépare de la souche mère ; cette opération, que l'on appelle le *sevrage,* se pratique généralement au bout de un ou deux ans.

Le jeune pied récemment sevré, ne recevant plus la nourriture de la plante primitive, subit un certain arrêt dans son développement ; aussi, pour modérer l'effet de cette suppression, on la pratique souvent en deux fois ; on coupe la moitié du sarment à la première année, et un an après on le sectionne complétement.

Il y a une autre méthode de sevrage bien préférable ; elle consiste à entourer le sarment avec un fil de fer en un point de sa partie horizontale situé dans la fosse, de manière à former un anneau. Cet anneau est fixé à 10 ou 15 centim. du dernier coude ; par suite du grossissement du rameau, il se forme un étranglement qui ne tarde pas à produire une solution de continuité. La souche se trouve alors sevrée.

Si on pratique le marcottage simple pour obtenir des plants racinés, il n'est pas nécessaire de prendre toutes ces précautions, il suffit de faire descendre les sarments en terre et de les relever à 15 ou 20 centimètres plus loin. Pour favoriser l'émission des racines, il est avantageux d'employer du terreau mélangé à de la terre meuble ; ce mélange est mis en contact avec le sarment couché.

Généralement on peut mettre les sarments en place un an après le marcottage.

3° *Marcottage herbacé.* — Présente l'avantage de fournir des plants enracinés très rapidement. Les pampres de l'année s'enracinent assez bien en été, mais il faut opérer dans des sols de jardins très meubles et donner à ces marcottes des arrosages répétés.

4° *Marcottage multiple.* — Permet d'obtenir avec le même rameau plusieurs sujets munis de racines. Se pratique en couchant et en relevant plusieurs fois un sarment. Comme pour la marcotte herbacée, il est nécessaire pour réussir d'opérer dans des lieux très favorables à la multiplication.

CHAPITRE III

DU GREFFAGE DE LA VIGNE

Importance de ce mode de multiplication. — La greffe, qui autrefois n'était employée que dans des cas tout à fait exceptionnels, est devenue le corollaire principal de la reconstitution des vignobles par les cépages américains.

Généralement, dans les campagnes, l'opération du greffage est considérée comme étant difficile et est l'objet d'une profession spéciale. Ceux qui l'exercent, *les greffeurs*, comme on les appelle, ne se considèrent pas comme des ouvriers ordinaires et exigent une forte rétribution.

Cependant il est certainement moins difficile d'apprendre à greffer la vigne que d'apprendre à la tailler.

L'exécution du greffage est une opération toute mécanique qui exige infiniment moins de jugement que la taille d'une souche.

Tout ouvrier agricole connaissant la taille peut donc devenir un habile greffeur ; un peu de bonne volonté et surtout le désir d'apprendre suffisent pour cela. *Les vignerons ne doivent donc plus être à la merci des spécialistes pour exécuter cette opération, car ils peuvent être à même de greffer aussi bien qu'ils taillent, ébourgeonnent et labourent.*

Dans ces conditions, la reconstitution devient économique et ne présente aucune difficulté sérieuse.

Nous allons nous occuper sommairement des diverses questions, qui se rapportent à la greffe de la vigne.

Age auquel il convient de greffer. — Le plus tôt est le meilleur, à la première année si le sujet est suffisamment développé. En procédant ainsi, la réussite est plus grande et la soudure se fait mieux. De plus, on évite dans une certaine mesure le développement des rejets américains, lesquels sont toujours préjudiciables à la bonne venue des plants greffés.

Récolte et conservation des greffons. — Comme pour les boutures de producteurs directs, il est nécessaire de choisir sur les pieds les plus fructifères les sarments les mieux aoûtés.

Les sujets à greffer étant de dimensions variables, il est nécessaire de prendre des greffons de toutes les grosseurs, afin qu'ils s'ajustent convenablement entre eux.

On les conserve comme les boutures ordinaires dans du sable sec en stratification, ou en tranchées creusées dans un terrain meuble. Les précautions à prendre pour éviter le dessèchement sont les mêmes que celles indiquées au bouturage.

Époque de l'année à laquelle on doit greffer. — Jusqu'à ces dernières années, on a toujours exécuté le greffage au printemps. Cependant il est possible de réussir en automne, ainsi que le démontrent quelques résultats obtenus dans ces derniers temps.

1° *Greffes de printemps.* — Une des conditions indispensables à la reprise des greffes, c'est d'éviter l'interruption de la végétation du greffon au printemps. En greffant de bonne heure, le greffon peut se développer après quelques journées chaudes de mars ou d'avril; mais la jeune pousse étant très accessible aux recrudescences du froid, le moindre abaissement de température suffit pour compromettre la réussite du greffage.

Il est donc nécessaire d'attendre le plus tard possible, pourvu que l'on ait suffisamment de temps devant soi pour greffer. Les mois d'avril et de mai paraissent être la meilleure époque du greffage, mais en conservant convenablement les greffons, on peut encore très bien réussir à la fin de mai, et au commencement de juin.

2° *Greffes d'automne.* — Ne présentent que l'avantage d'augmenter la durée de l'époque pendant laquelle le greffage peut s'exécuter.

Elles peuvent être néanmoins tentées dans les terrains perméables où les greffons ne risquent pas de s'altérer sous l'influence de l'humidité.

Si l'hiver est très rigoureux et le succès des greffes très-compromis, on peut au printemps regreffer un peu plus bas et avoir ainsi autant de chances de réussite qu'avec les greffes ordinaires pratiquées à cette époque.

Profondeur de la greffe. — Il faut toujours greffer en terre ; les greffes aériennes pratiquées sur la vigne sont trop chanceuses pour pouvoir être employées en grand.

Par contre, il ne faut pas les enterrer trop profondément afin d'éviter leur affranchissement.

Cette double condition est satisfaite en greffant à la surface du sol et en accumulant ensuite une certaine quantité de terre de manière à former une butte au dessus de la greffe.

Longueur du greffon. — Plus le greffon est long, plus il est exposé à se dessécher. En principe, il faudrait donc adopter des greffons à un seul œil. Il vaut mieux en conserver deux, car si l'un d'eux périt, il en reste un autre pour assurer la reprise.

Des meilleurs modes de Greffage. — Parmi les nombreuses greffes qui ont été préconisées deux ou trois seulement ont reçu la sanction de l'expérience, et seules elles méritent d'être décrites. Comme nous le verrons, elles dérivent toutes de la greffe en fente connue de tout le monde.

Nous étudierons donc :

La greffe en fente double ;
— simple ;
— pleine ;
— anglaise.

1° *Greffe en fente double.* — C'était la greffe employée autrefois pour changer la variété des vignes dont les produits n'étaient pas satisfaisants. Elle ne peut être pratiquée que sur des souches d'un certain âge.

Pour l'exécuter on coupe le sujet horizontalement au-dessus d'une partie lisse et bien droite.

Avec un ciseau assez robuste pour supporter des coups de maillet, on fend le sujet entièrement à quelques centimètres de profondeur, le ciseau est alors remplacé par un coin spécial enfoncé au milieu de la fente.

Une fois la fente ouverte, l'opérateur taille les greffons à l'aide d'un couteau à greffer (fig. 6) il forme deux biseaux qui viennent se réunir à la base du greffon (fig. 1) et d'autant plus allongés que le diamètre de la souche sera plus grand ; on place ces deux greffons de chaque côté du sujet (fig. 2), et en retirant le coin, les greffons sont fixés par les deux parois de la fente, qui tend à se refermer.

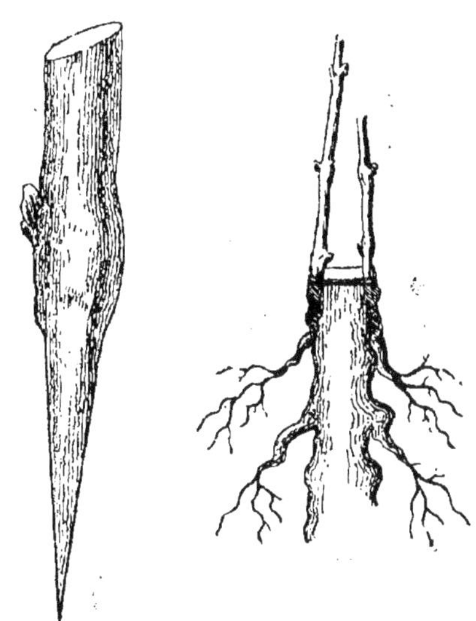

Fig. 1. — Greffon pour la greffe en fente.

Fig. 2 — Greffe en fente double.

Il faut avoir soin de faire coïncider les parties extérieures du bois (couche génératrice) du sujet et du greffon. Celles-ci n'étant par toujours très bien déterminées par suite de l'épaisseur inégale des écorces, on incline légèrement le greffon pour être sûr que la couche génératrice coïncide au moins en un de ses points.

2° *Greffe en fente simple.* — Comme dans le mode précédentil est nécessaire, aprèsl'avoir déchaussée, de couper la souche horizontalement en un point bien lisse.

La fente est pratiquée sur un seul côté (fig. 3) du sujet, pour cela on incline le ciseau de la manière suivante : le manche étant au haut et en dedans, la pointe dirigée en bas et à l'extérieur on appuie le tranchant sur le bord de la souche. La fente est maintenue ouverte en dirigeant la pointe du couteau dans la fente comme il est indiqué à la figure 3, et on prépare le greffon.

La préparation diffère un peu de la précédente.

Le greffon doit être taillé en lame de couteau, afin que les deux faces du biseau coïncident sur toute leur surface avec les deux parois de la fente.

La base du greffon présente alors entre les biseaux deux faces inégales, — la plus large est placée à l'extérieur et sa couche génératrice doit coïncider avec celle du sujet.

Une fois le greffon introduit dans la fente, le couteau est enlevé et les deux lèvres se referment.

3° *Greffe en fente pleine.* — Les greffes que nous venons d'examiner s'appliquent aux souches âgées ; pour celles d'un an il a fallu opérer un peu différemment.

La souche est d'abord coupée horizontalement au moyen d'un sécateur ou d'une serpette, elle est ensuite fendue par le milieu à une profondeur de 3 ou 4 centimètres.

Le greffon est taillé comme dans la greffe en fente double et doit être du même diamètre que le sujet.— C'est pour cette dernière raison que cette greffe s'appelle *fente pleine* (fig. 4).

Elle est pratiquée maintenant en grand dans la reconstitution des vignobles.

Ceux qui connaissaient l'ancienne greffe en fente l'emploient de préférence à la *fente anglaise*, mais elle n'est pas supérieure.

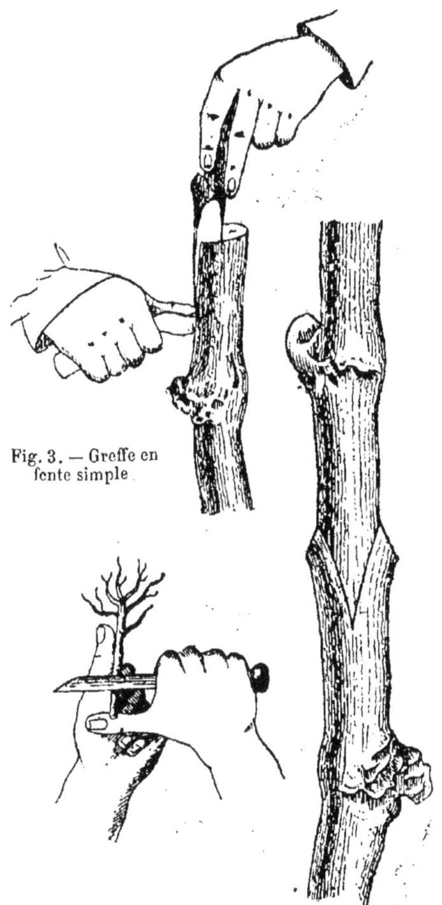

Fig. 3. — Greffe en fente simple.

Fig. 5. — Exécution de la greffe anglaise.

Fig. 4. — Greffe en fente pleine.

4° *Greffe en fente anglaise.* — N'est connue en viticulture que depuis l'invasion phylloxérique, on se sert pour l'exécuter d'un couteau plat comme celui qui est indiqué dans la figure 6.

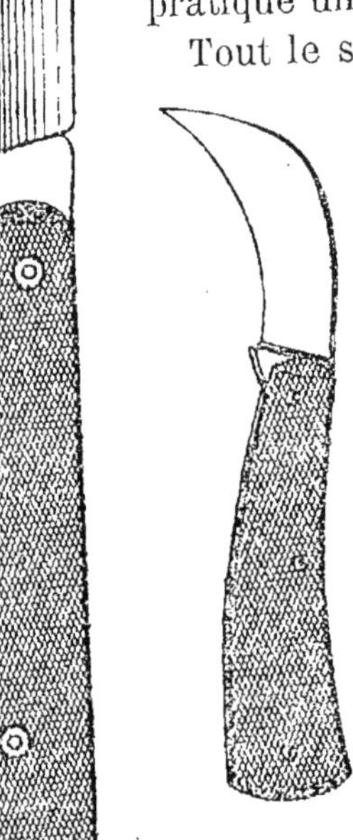

Fig. 6. — Couteaux pour greffer.

La souche étant préalablement déchaussée, l'opérateur choisit une partie bien lisse, entre 2 nœuds et la saisit de la main gauche et au dessous de la partie à couper, comme il est indiqué à la fig. 5.

De la main droite armée du couteau, il pratique un biseau de bas en haut.

Tout le secret de la greffe anglaise est dans l'exécution de ce biseau. Il faut acquérir un certain tour de main pour le faire bien net et surtout pour lui donner l'inclinaison que l'on désire.

Les commençants devront s'exercer pendant longtemps sur des rameaux simples, pour acquérir ce tour de main.

Une fois habitué, l'opérateur ne donne qu'un seul coup de couteau pour faire convenablement le biseau.

Un peu au dessus de la moelle, on pratique une fente en assujettissant bien la souche avec la main gauche, et en dirigeant le couteau, tenu de la main droite, de haut en bas et parallèlement à la direction de la souche.

Cette fente, qui doit partir du tiers supérieur du biseau, doit avoir une profondeur égale à la distance qui sépare sa naissance de l'extrémité supérieure du biseau.

Le greffon choisi de même diamètre que le sujet est taillé de la même façon, et pour que les deux sections s'appliquent exactement l'une sur l'autre, il est indispensable qu'elles aient la même inclinaison et la même longueur.

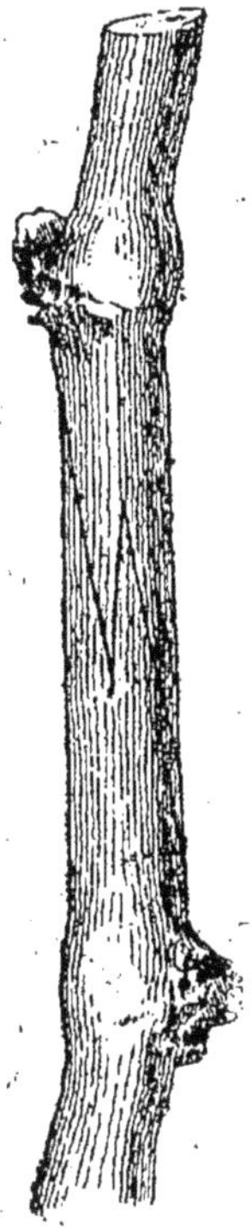

Fig. 7. — Greffe anglaise ajustée.

L'esquille du greffon, c'est-à-dire cette partie du bois comprise entre la fente et le biseau, est introduite dans la fente du sujet, et les deux éléments de la greffe sont réunis, comme on peut le voir dans la figure 7.

Un greffeur habile doit arriver à pratiquer la greffe en quatre coups de couteaux, dont deux pour le greffon et deux pour le sujet.

Ligature de la greffe. — On se sert pour ligatures de la ficelle ordinaire ou du raphia.

La ficelle se place de la manière suivante : Son extrémité étant maintenue au bas de la greffe par le pouce gauche, on fait un tour de la main droite avec la partie de la ficelle attenante au paquet, et on engage le bout tenu par le pouce gauche. Ce dernier devient libre et la main gauche sert alors à maintenir solidement la souche, jusqu'à ce que la greffe soit entourée par la ficelle ; à ce moment, le pouce gauche empêche le déroulement, et la main droite prépare un nœud simple pour fixer définitivement la ficelle.

Selon la grosseur de la ficelle, le nombre de tours varie, mais il n'est pas nécessaire que ceux-ci se touchent sur toute l'étendue de la greffe.

Les personnes habituées à ce travail deviennent en peu de temps très habiles, et comme le ligaturage est plutôt minutieux que pénible, les femmes et les enfants peuvent l'exécuter dans les chantiers de greffage.

Engluement. — Le meilleur et le moins cher est celui qui est appelé par les jardiniers *onguent de Saint-Fiacre*. Il se compose d'un mélange d'argile et de bouse de vache bien pétrie. En délayant le tout dans la quantité d'eau nécessaire, on l'amène à un degré de consistance voulu, pour que son emploi soit rendu facile.

On n'a qu'à recouvrir la greffe d'une légère couche et l'opération est terminée.

Buttage. — S'exécute en ramenant la terre extraite autour de la souche, et en recouvrant le greffon ; il faut avoir soin cependant de laisser son dernier bourgeon en dehors du sol.

Le buttage doit être pratiqué avec beaucoup de précaution, il faut, d'une part, éviter les chocs des mottes qui pourraient déranger la position du greffon, et de l'autre, ne mettre que de la terre très fine en contact avec la greffe.

Pour obtenir ce double résultat, on forme d'abord un bourrelet circulaire autour de la souche, de manière à laisser celle-ci dans une espèce de cuvette. Cette dernière est comblée, avec de la terre très fine, et les deux conditions indispensables à la bonne confection de la butte sont remplies. La terre très meuble, ne peut pas déranger le greffon, et de plus elle empêche le dessèchement trop rapide de la greffe.

Nous considérons ce buttage avec de la terre fine comme un des éléments de réussite les plus importants.

Si les échecs sont plus nombreux dans les terrains argileux et marneux, c'est qu'ils ne sont pas assez meubles pour faire de bonnes buttes.

Il faut, dans ces conditions, transporter du sable, ou bien renoncer au greffage en place, en plantant des pieds greffés en pépinière.

Visite des greffes en été. — Quarante ou cinquante jours après le greffage, il est nécessaire de déchausser les souches greffées, pour supprimer les rejets américains et enlever les racines qui se sont développées sur le greffon.

Le déchaussement de la souche demande de grandes précautions pour éviter le décollement du greffon. La butte devra être attaquée à l'extérieur; il faut toujours avoir soin d'écarter beaucoup de terre en commençant, de manière à pouvoir faire le trou suffisamment profond, sans être obligé de piocher trop près de la souche. Pour enlever la partie de la terre qui entoure la greffe, il est nécessaire d'y mettre la main pour éviter les secousses sur le greffon.

Les racines ainsi que les rameaux seront enlevés très-soigneusement avec des instruments bien tranchants, et exactemment à leur point d'insertion.

Cette opération est renouvelée à un mois d'intervalle jusqu'en septembre; à ce moment on peut laisser la greffe à l'air libre, pourvu que l'on ait un tuteur pour fixer les pousses de l'année.

Dans le Centre, il est nécessaire de faire une nouvelle butte avant l'hiver, car la partie greffée est très-sensible au froid.

TROISIÈME PARTIE

DE L'ÉTABLISSEMENT DU VIGNOBLE

CHAPITRE PREMIER

DES DIFFÉRENTS MOYENS D'ÉTABLIR UN VIGNOBLE

Considérations générales. — Un vignoble peut être établi de diverses façons ; on peut planter et greffer en place, planter et greffer en pépinière, ou employer une méthode mixte.

Diverses circonstances influent sur l'emploi de l'une ou de l'autre de ces méthodes, ce sont : la nature du sol, le choix de la variété et aussi l'état du vignoble à reconstituer par rapport à l'invasion phylloxérique.

1° *Bouturage et greffage en place.* — Quand le sol se prête bien à la multiplication de la vigne et que la variété à multiplier reprend facilement de bouture, on peut planter celles-ci directement en place.

Par ce moyen on gagne beaucoup de temps, mais il faut être sûr d'avoir une bonne reprise, autrement on éprouve beaucoup de difficultés à rendre la plantation régulière.

2° *Bouturage en pépinière et greffage en place.* — La pépinière est utile dans le cas où les variétés sont difficiles à multiplier, comme le *Cynthiana* par exemple ; on l'emploiera également lorsque l'invasion ne sera pas encore complète dans le vignoble à remplacer.

Il est alors plus avantageux de conserver les vignes tant qu'elles produisent, et de créer des pieds enracinés pour les remplacer dès qu'elles seront arrachées.

Si le terrain se prête au greffage, on met directement les plants enracinés en place aussitôt après l'arrachage des vieilles vignes ; mais, dans le cas contraire, il vaut mieux greffer en pépinière et avoir recours au mode suivant :

3° *Bouturage et greffage en pépinière*. — En ne mettant en place que des sujets racinés et greffés, on a des plantations régulières, mais on ne récolte pas beaucoup avant les vignerons qui en même temps ont planté de simples boutures et les ont greffées un an après.

Ce troisième mode de plantation sera donc employé par ceux qui ont encore le bonheur de posséder des vignes françaises, ou qui, les ayant perdues, veulent reconstituer dans des sols argileux, marneux ou trop caillouteux.

Des pépinières. — Il faut toujours choisir les meilleurs terrains pour établir les pépinières. Le sol doit être de consistance moyenne, plutôt léger que fort.

Il est indispensable qu'il conserve une certaine fraîcheur en été et qu'il s'égoutte parfaitement en hiver.

La préparation consiste, en un défoncement de 40 centimètres de profondeur, pratiqué autant que possible en automne.

On plante en lignes distancées de 70 à 80 centimètres et à 12 ou 15 centimètres dans la ligne.

Comme les pépinières occupent toujours un espace assez restreint, il est possible de multiplier les binages et les sarclages aussi souvent que le besoin s'en fait sentir. Pendant les grandes chaleurs on se trouve très bien d'arroser.

Greffage en pépinières --- Greffe-bouture. — On emploie généralement la greffe en fente anglaise ou encore la fente pleine.

Si les circonstances sont exceptionnellement favorables, on peut employer ce qu'on appelle la greffe-bouture, cette dernière consiste en un sarment greffé pendant la morte-saison (greffe au coin du feu) qui, une fois ligaturé, est conservé et planté comme une bouture ordinaire.

Ce serait le moyen d'obtenir le plus rapidement des plants enracinés et soudés, malheureusement les résultats sont trop incertains.

La greffe-bouture modifiée par M. Grégoire, viticulteur à Denicé (Rhône), a eu plus de succès.

Son procédé consiste à la faire enraciner dans un petit godet et à la mettre en place au printemps de la même année, dès que la reprise et la soudure sont assurées.

Nous avons transplanté des plants de M. Grégoire à l'Ecole d'Agriculture en mai 1885, la reprise et la soudure ont été parfaites, mais le développement a été peu considérable pendant cette première année.

CHAPITRE II

PRÉPARATION DU SOL

Assainissement. — Avant de les défoncer, il est nécessaire de bien assainir les terrains que l'on destine à la vigne.

Si l'humidité résulte de la nature du sol, on dessèche celui-ci à l'aide de tranchées, dans lesquelles on pose des drains ou des cailloux.

Quand la fraîcheur est due à la situation du lieu, on peut avoir affaire à des sources qui surgissent sur un point quelconque du terrain, ou à des cours d'eau qui entretiennent une humidité permanente par infiltration.

Dans le cas de source, il faut conduire celle-ci en dehors de la vigne à l'aide d'un drain ; les infiltrations sont évitées en établissant des fossés ayant une pente suffisante le long de la rivière qui produit l'humidité. Il faut, bien entendu, que ces fossés aient un débouché où ils puissent déverser leurs eaux.

Amendements. — Les terrains destinés à être plantés en vignes ne sont pas souvent amendés, on se contente généralement de les ameublir profondément et d'y placer une variété convenable.

Dans certains cas il peut être avantageux de modifier la nature des sols trop tenaces. A l'Ecole d'Agriculture on s'est très-bien trouvé de l'emploi du mâchefer pour donner un peu de perméabilité aux terrains marneux à l'excès.

Cette substance peut être employée avant le défoncement, on l'étend alors sur toute la surface du sol, et on la mélange le mieux possible avec la couche remuée par le défoncement.

Si la vigne est plantée, il faut aussi l'étendre sur toute la surface; on mélange d'abord avec la couche superficielle par un léger labour; ensuite, l'enfouissement est complété par un 2e labour plus profond et donné dans une direction perpendiculaire au premier.

Des défoncements. — Défoncer un terrain c'est l'ameublir à une profondeur plus grande que celle à laquelle il est ordinairement travaillé.

L'ameublissement profond du sol destiné à la vigne facilite son développement en mettant à la disposition de ses racines un plus grand cube de terre meuble.

D'autre part, les terrains bien défoncés sont moins exposés à la sécheresse en été et à l'excès d'humidité après les périodes pluvieuses.

Selon la nature du sol (1) ou du sous-sol, le défoncement est exécuté de diverses manières.

Trois cas peuvent se présenter :

1° Le sol est homogène ; dans ce cas, le meilleur est de défoncer en mélangeant le mieux possible toute l'épaisseur de la couche remuée par le défoncement.

2° Le sol est de qualité inférieure au sous-sol et peut être amélioré par ce dernier ; on opère alors le défoncement par renversement des couches, c'est-à-dire en ramenant la couche inférieure à la surface.

3° Le sol est de qualité supérieure au sous-sol ; les

(1) On appelle sol ou couche arable la partie d'un champ qui est travaillée par les instruments ordinaires de culture (charrues, houes,.... etc.). Le sous-sol est situé au-dessous du sol et n'est pénétré que lorsqu'on exécute des labours de défoncement ou de défrichement.

deux couches doivent être ameublies, mais celle qui est à la partie inférieure est laissée en place.

Occupons-nous maintenant de la manière d'effectuer les défoncements dans ces différentes conditions.

1° *Défoncement des terrains homogènes.* — Peut se faire à la charrue ou à la main. A la charrue, le prix de revient est plus faible, mais si on veut aller à de grandes profondeurs, il faut employer un instrument spécial traîné par un attelage très puissant.

Le défoncement à la charrue se fait à l'aide d'un seul instrument, celui-ci est construit d'après les principes des charrues ordinaires, mais les pièces travaillantes sont plus fortes pour résister à de très grands efforts.

Avec une seule charrue on ne peut guère pratiquer un défoncement de plus de 0^m40 de profondeur. S'il était nécessaire d'aller au-dessous il faudrait employer une 2° charrue, mais alors il faudrait l'exécuter d'après les autres méthodes que nous allons examiner.

A la main, les défoncements des terrains homogènes se font en ayant soin de mélanger le mieux possible les diverses parties de la couche remuée.

2° *Défoncement des terrains dont le sous-sol doit être ramené à la surface.* — Ce genre de défoncement est utile lorsque le sous-sol peut améliorer le sol et même dans les terres homogènes ayant déjà porté de la vigne. Il est nécessaire dans ce dernier cas, d'aller un peu plus profondément et de ramener un peu de terre vierge à la surface.

Pour exécuter ces défoncements à la charrue on fait passer deux instruments à la suite l'un de l'autre. Un premier trait de charrue enlève une couche de 25 à 30 centimètres. On se sert pour cela d'une forte charrue ordinaire traînée par 4 ou 6 bœufs.

Une deuxième charrue appelée défonceuse (1), munie d'un long versoir, enlève une deuxième couche dans le même sillon, et la place au-dessus de la première bande qui est tombée au fond de la raie.

Après le labour, le sous-sol occupe la partie superficielle de la couche arable, il est alors directement en contact avec les agents atmosphériques.

Quand ces sortes de défoncement s'exécutent à la main, on se sert avantageusement de la bêche si le sol se laisse pénétrer facilement. Il faut d'abord ouvrir un fossé creusé à la profondeur que doit avoir le défoncement. On enlève ensuite, à une profondeur de bêche, une bande qui est placée au fond du fossé ; la deuxième jauge est relevée au-dessus de la première, et de cette façon le retournement est complet. Le 2e fossé est comblé par une 3e bande de même largeur et placée de la même façon; on continue ainsi jusqu'à l'extrémité du champ.

Avec la houe fourchue, à deux ou à trois dents, le procédé est le même, l'ouvrier tâche de ramener à la surface la couche profonde et fait ébouler la partie superficielle dans le fond du fossé.

3° *Défoncement des terrains dont le sous-sol doit être laissé en place.* — C'est le mode d'ameublissement qui sera employé dans les terrains argileux à l'excès ou fortement marneux ; dans ce cas, il serait désavantageux de ramener à la surface la couche vierge, car elle serait tout-à-fait infertile.

Dans de pareils terrains le défoncement est encore plus utile que dans les cas précédents; il faut alors ameublir le sous-sol, mais le laisser en place.

(1) Les défonceuses sont nombreuses, un des types les plus connus est la charrue Bonnet, employée autrefois pour la culture de la garance dans le département de Vaucluse.

Cependant ces sortes de défoncement s'exécutent plus rarement que dans les autres cultures. Il faut que le sous-sol soit très-mauvais pour qu'on le laisse en place, dans la plupart des cas il est utile de mélanger les deux couches.

Comme dans le deuxième cas, il faut ouvrir une raie avec une forte charrue ordinaire, mais ici la défonceuse est remplacée par l'instrument appelé *fouilleuse*. Cet instrument est muni soit d'un soc à ailes relevées relié à l'âge par une pièce qui sert de coutre, soit par plusieurs dents recourbées qui agissent comme des dents de scarificateur.

Le versoir est supprimé dans la fouilleuse, car la partie travaillée n'est ni soulevée ni retournée. Elle est ameublie et laissée en place.

Avec les instruments à main, les ouvriers s'attachent à laisser en place les couches de terre; ils ont donc soin de placer la partie superficielle au-dessus du sous-sol laissé au fond de la tranchée.

Dans les terrains de garrigue M. Cazalis-Allut conseille d'ameublir seulement la couche friable et de laisser en place la roche ; les racines de la vigne peuvent alors descendre profondément entre les fentes du rocher, où elles trouvent de l'humidité.

Profondeur des défoncements. — D'une manière générale les plus profonds sont les meilleurs, mais il convient de les réduire à la profondeur minimum pour dépenser le moins possible.

Dans les terrains de consistance moyenne, on défonce généralement à une profondeur de 40 à 50 centimètres les sols qui n'ont pas encore porté de vignes. Il est utile de l'augmenter un peu quand on remplace une ancienne plantation.

Dans les terrains très secs on doit donner un peu

plus de profondeur et aller de 50 à 60 centimètres en moyenne.

Les terrains imperméables et humides se trouvent également très-bien de défoncements profonds ; leurs défauts sont ainsi corrigés dans une certaine mesure et, en les assainissant, on peut obtenir d'assez belles vignes dans les milieux qui étaient autrefois considérés comme impropres à cette culture.

Fumures à donner au moment des défoncements. — Dans beaucoup de cas la vigne n'est fumée qu'à la 2e et 3e année.

Sur les défrichements de bois, de prairies artificielles ou naturelles on peut, en effet, se dispenser de fumer au moment de la plantation.

Mais toutes les fois qu'il s'agit de planter dans des terrains secs et épuisés par des cultures ou de remplacer une ancienne vigne, il faut donner au sol une forte fumure.

On emploiera de préférence les fumiers frais dans les terrains argileux et les fumiers décomposés dans les terrains siliceux. La dose varie aussi selon la qualité du sol; dans le premier cas, on pourra employer de 80 à 100,000 kilog. à l'hectare ; dans le second, il est préférable de mettre la moitié de cette fumure et de la renouveler quelques années après.

Outre le fumier, on peut employer les engrais à décomposition lente, comme les cornailles, les chiffons de laine, les buis, etc., au moment de la plantation. Par suite de la lenteur avec laquelle ces matières se décomposent, leurs effets se font sentir pendant longtemps.

De la meilleure époque pour défoncer. — On peut défoncer les terrains aussitôt après l'enlèvement des récoltes ; mais souvent il faut attendre les pluies pour opérer avec moins de difficultés, ce sont alors les mois de septembre et d'octobre que l'ont choisit de préférence. Il faut, dans tous les cas, que le défoncement se fasse avant l'hiver pour que le sol subisse l'action du gel et du dégel.

Ces actions étant très favorables à l'ameublissement des terrains argileux, il convient de commencer par ces derniers en automne lorsqu'on a à défoncer des sols de différente nature.

CHAPITRE III

PLANTATION PROPREMENT DITE

Écartement et forme à donner aux vignes greffées. — D'une manière générale ces vignes seront traitées comme celles cultivées avant le phylloxera. Il faut donc dans chaque pays conserver le même espacement et les mêmes méthodes de taille, si, par une longue expérience, ceux-ci ont été reconnus les meilleurs.

Dans le Midi, la forme en gobelet convenant particulièrement à nos anciens cépages devra être maintenue avec un espacement de $1^{m}50$.

Examinons les différentes formes à donner à la plantation :

1° *Plantation en lignes.* — La forme en lignes est celle dans laquelle les pieds sont plus rapprochés dans une direction que dans l'autre.

En plantant à $2^{m}25$ dans un sens et à 1 mètre dans l'autre, chaque souche occupe la même surface que dans la plantation en carré à $1^{m}50$. Il y a 4,444 souches à l'hectare.

Les labours ne peuvent se donner que dans une direction, mais l'écartement facilite les opérations de cultures à tous les points de vue : on peut labourer avec les animaux pendant une partie de l'été, l'épandage du fumier est plus expéditif, les véhicules pouvant pénétrer dans l'intérieur de la vigne.

Malheureusement, la production s'en ressent. M. Marès estime que dans les vignes en lignes la récolte est diminuée d'un cinquième.

Les expériences de M. Marès ont porté sur des vignes taillées en *gobelet ;* avec les méthodes de taille à grand développement, les résultats ne sont pas les mêmes, et les souches sont toujours plantées en lignes.

Il faut cependant observer un certain rapport entre l'espacement des lignes et celui des ceps dans la ligne. Le premier ne devra jamais dépasser le double du second. Ainsi pour une vigne plantée en treilles, distancées de 3 mètres, il faudra que les pieds aient au moins 1m50 dans la ligne.

2° *Plantation en carré.* — C'est la forme à peu près généralement adoptée dans tous les vignobles de l'Hérault. Les ceps considérés par groupe de 4 occupent les 4 angles d'un carré ; ils ont le même écartement dans tous les sens et sont régulièrement répartis sur le sol.

Les labours peuvent être donnés dans deux directions différentes, ce qui est très favorable à l'ameublissement du sol.

En plantant à 1m50 on a 4444 souches à l'hectare, et à 1m75, 3269.

3° *Plantation en quinconce.* — Les souches considérées par groupe de 3 occupent les 3 angles d'un triangle équilatéral. On peut exécuter les labours dans trois directions différentes.

C'est certainement le mode de plantation le meilleur au point de vue de la fructification. Les ceps sont répartis sur le sol de la manière la plus parfaite.

Avec l'écartement de $1^{m}50$ on a 5132 souches à l'hectare.
» $1^{m}75$ » 3770 »

Pour qu'une souche occupe la même surface que dans la plantation en carré, l'écartement doit être de 1/6 en plus.

Écartement et forme à donner aux producteurs directs. — Les producteurs directs qui devront être taillés en gobelet seront plantés à une distance peu différente de celle des vignes greffées. Pour les vignes vigoureuses comme le Jacquez, on se trouve très bien d'augmenter l'espacement d'un quart ou d'un cinquième.

Mais, si l'on adopte une autre forme, il faut planter à la distance qui convient à la forme de taille adoptée. Généralement les producteurs directs réussissent bien avec une taille à grand développement. Il faut alors modifier l'écartement en raison même du développement de la souche.

La plantation en lignes, dans les méthodes autres que le gobelet, s'impose généralement, mais il faut avoir soin de ne pas exagérer la distance entre les lignes, comme nous l'avons fait remarquer plus haut.

Du tracé. — Le sol étant ameubli à sa surface, on trace au cordeau ou au rayonneur des lignes dans deux directions différentes, et leur intersection indique l'emplacement de chaque pied.

1° *En lignes.* — La plantation en lignes peut être faite de deux façons différentes : 4 souches 1, 2, 1'', 2'', considérées isolément, peuvent occuper les 4 angles d'un rectangle (fig. 8), ou bien occuper les 4 angles d'un parallélogramme (fig. 9).

Pour tracer une plantation en lignes, il faut d'abord rechercher la direction du champ et tirer les lignes parallèles au plus grand côté du champ.

Fig. 8.

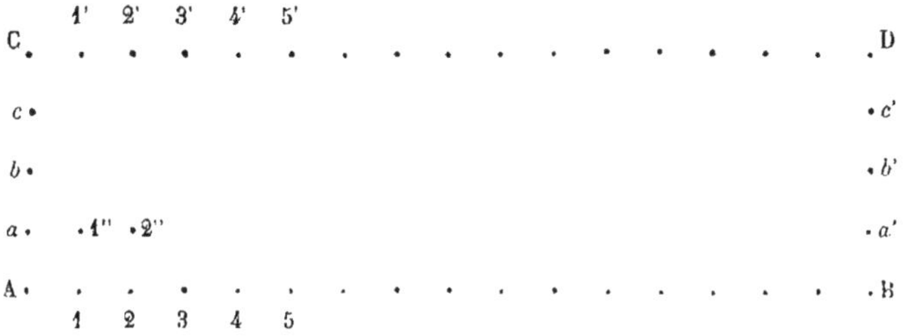

1' 2' 3' 4' 5'
C . . . . D
c . . c'
b . . b'
a . .1'' .2'' . a'
A . . . . B
1 2 3 4 5

Soit le terrain ABCD (fig. 8). Pour effectuer la plantation en rectangle, on trace d'abord une ligne AB à la place que doit occuper la première rangée de souches. Du point A on mesure sur la ligne AC, perpendiculaire à AB, des longueurs A*a*, *ab*.... etc., égales à l'écartement que doivent avoir les lignes entre elles. On trace également BD perpendiculairement à AB, et sur la ligne BD, on mesure les longueurs A*a'*, *ab'*..., etc., égales à A*a*.

A l'aide du rayonneur ou du cordeau, on n'a qu'à réunir les points *aa'*, *bb'*,... etc., par des lignes. Si le terrain à planter n'avait pas exactement la forme du rectangle, il faudrait toujours prendre AC et BD perpendiculaires à AB, et prolonger les lignes jusqu'à la limite du champ.

Ensuite sur la ligne AB on place des piquets à la place des numéros 1, 2, 3, etc., séparés entre eux par une longueur égale à l'écartement que doivent avoir les pieds dans la ligne.

En réunissant 1 1', 2 2', etc., ces nouvelles lignes forment avec les premières selon *aa'*, des intersections qui déterminent l'emplacement de chaque souche.

La plantation en ligne en parallélogramme, comme l'indique la fig. 9, est meilleure que la précédente.

Fig. 9.

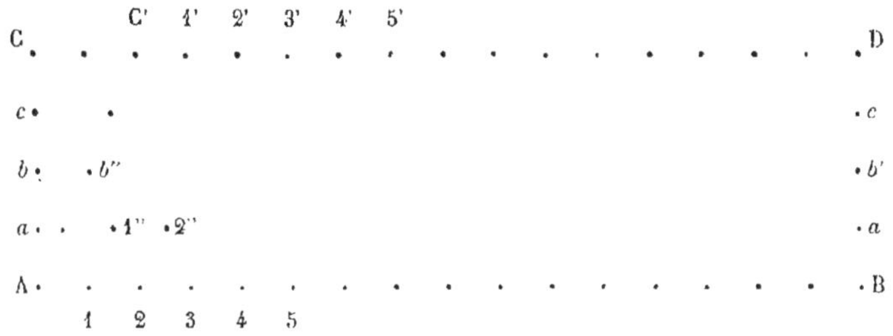

Le tracé des lignes selon AB se fait comme dans la plantation en rectangle ; celles qui doivent les croiser ne sont plus perpendiculaires à AB, elles sont obliques et sont dirigées selon AC'.

Pour trouver cette direction on prend sur la 2e ligne une longueur *bb*" égale à l'écartement des souches dans la ligne. Les deux points A*b*" sont réunis et la ligne est prolongée jusqu'à C'.

A partir de A et de C', on plante les piquets 1, 2... 1', 2'...., etc., et l'on réunit les points 11', 22'..., etc., comme précédemment.

Les lignes à gauche de AC' se tracent d'après les mêmes principes.

2° *En carré.* — S'exécute comme la plantation en rectangle (fig. 8), mais les points 1, 2, 3, etc. sont à la même distance entre eux que les points *a, b, c*, etc. Cette distance est celle que doivent avoir les pieds entre eux. Il est facile de comprendre que, dans ce cas, les pieds considérés par groupe de quatre occupent les quatre angles d'un carré.

3° *En quinconce.* — Soit le champ ABCD (fig. 10).

On trace d'abord, comme dans les cas précédents, une ligne AB selon le plus grand côté du terrain à la place que doit occuper la première rangée de souches.

Fig. 10.

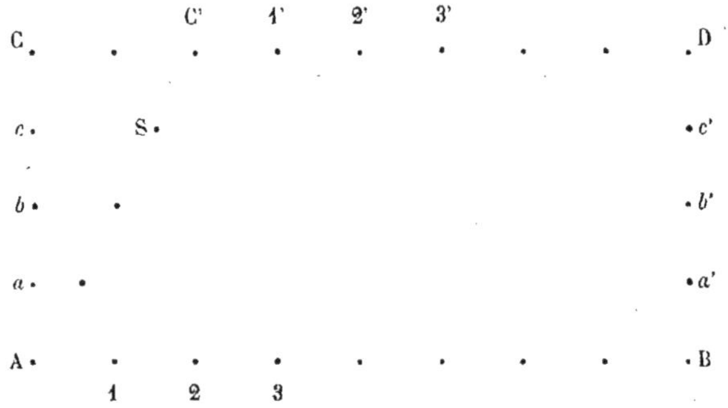

Ecartement entre les souches	Distance à laquelle doivent être tracées les lignes A*a*, *ab*, *bc*, etc.
1m00	0m86
1 05	0 90
1 10	0 95
1 15	1 00
1 20	1 04
1 25	1 08
1 30	1 12
1 35	1 16
1 40	1 21
1 45	1 25
1 50	1 29
1 55	1 34
1 60	1 38
1 65	1 42
1 70	1 47
1 75	1 51
1 80	1 55
1 85	1 60
1 90	1 64
1 95	1 68
2 00	1 73

A l'angle A on élève la perpendiculaire AC et on prend sur cette ligne des longueurs égales A*a* *ab*.... etc. Cette longueur est obtenue par un calcul très simple : il suffit de multiplier l'écartement que doivent avoir les pieds entre eux, par le nombre 0,866.

Nous avons du reste, dans le tableau qui suit la fig. 10, la distance entre les lignes AB, *ab*, *cd*...... etc., pour les écartements compris entre 1 et 2^m.

Après avoir tracé les parallèles *aa*, *bb*...., etc., et planté sur AB les piquets 1, 2, 3...., etc., à une distance égale à l'écartement des souches, on mène du point A une ligne AC' dirigée obliquement et formant un angle aigu avec la base AB.

Voici comment on détermine sa direction :

Il s'agit d'obtenir un triangle équilatéral dont un des côtés est sur la ligne AB ; pour cela il faut prendre avec un cordeau une longueur quelconque sur la ligne AB, par exemple la longueur de A au piquet 3. Ce cordeau est doublé et on fait deux nœuds, l'un au point où il est replié sur lui-même au piquet 3, l'autre sur la partie repliée, en face du point de départ en A.

En portant ce dernier nœud au piquet 3 et en plaçant un autre piquet au nœud intermédiaire, on obtient par la tension du cordeau, le triangle AS3 qui a ses 3 côtés égaux.

La ligne AS prolongée jusqu'à l'extrémité du champ en C' est le côté demandé.

De ce point C' on plante des piquets sur la ligne CD, 1', 2', 3', etc., à une distance égale à l'écartement des souches comme les piquets 1, 2, 3, etc.

On réunit ensuite les lignes du piquet 1 à 1', de 2 à 2'... etc., et l'intersection de ces lignes avec celles qui sont parallèles à AB détermine l'emplacement de chaque souche.

Plantation des sujets enracinés. — Nous nous sommes occupés dans le chapitre consacré au bouturage de tout ce qui était relatif à la plantation des boutures ; nous n'y reviendrous pas.

Examinons la plantation des pieds enracinés :

Époque de la plantation. — La plantation des pieds enracinés peut se faire à deux reprises différentes : à l'automne et au printemps.

Dans les terrains secs, il vaut mieux choisir la première de ces époques et mettre ces pieds en place aussitôt après la chute des feuilles.

Au printemps on plante dès que le sol est ressuyé et autant que possible avant le départ de la végétation. Les terrains secs seront plantés avant ceux qui restent longtemps humides.

Arrachage et habillage. — Les plants enracinés doivent être arrachés avec beaucoup de soins, il faut éviter de meurtrir les racines et conserver le plus possible les jeunes radicelles.

L'habillage consiste à supprimer les racines endommagées et à couper celles qui sont intactes à une longueur de 25 à 30 centimètres.

Mise en place. — Les trous destinés à recevoir les plants enracinés doivent être creusés longtemps avant la mise en place. De cette façon la terre extraite s'ameublit et se fertilise sous l'action des agents atmosphériques.

On doit choisir l'emplacement du trou de manière à ce que la souche une fois mise en place en occupe le centre. A ce point on place un petit tuteur et on forme autour une butte conique.

L'axe de la souche est fixé au tuteur et les racines sont régulièrement réparties dans tous les sens ; on choisit, pour mettre en contact immédiat avec les racines, de la terre sèche et très fine et si le sol est trop motteux il serait bon de mettre un peu de terreau. Sur la partie extérieure du trou et sur les racines on place l'engrais, si on juge à propos de fumer la plantation, et le trou est comblé avec la terre extraite.

Quand on opère dans des terrains argileux ou marneux, il est bon de se procurer un mélange de sable et de terreau pour recouvrir les racines.

Les plantations doivent être effectuées par un beau temps; il faut surtout éviter de les exécuter après une pluie dans les terrains humides.

QUATRIÈME PARTIE

SOINS ANNUELS DE CULTURE

CHAPITRE PREMIER

DE LA TAILLE DE LA VIGNE

Époque de la taille. — La vigne peut être taillée aussitôt après l'aoûtement, c'est-à-dire dès la fin de novembre.

Pendant l'époque des grands froids on suspend la taille et on la reprend dès la fin janvier jusqu'à ce que les ceps entrent en végétation.

On a proposé, pour retarder cette dernière et éviter les gelées, de ne pratiquer la taille qu'au moment où les bourgeons vont partir.

Ce procédé retarde sans doute le débourrement, mais la perte de sève par les *pleurs* tend à épuiser la vigne.

Cet épuisement est évité dans une certaine mesure en taillant les souches en deux fois.

La première taille est effectuée à l'époque ordinaire ; elle consiste à supprimer tous les bourgeons ne devant pas concourir à la formation des coursons et à couper les rameaux fructifères au dessus de 5 ou 6 yeux.

Au moment où la vigne est en pleine sève, on pratique la 2e taille qui consiste à rabattre les rameaux fructifères au-dessus de deux yeux francs.

Dans les pays exposés aux gelées tardives, le meilleur est de choisir les variétés à débourrement tardif ou d'élever les souches à une certaine hauteur au-dessus du sol en adoptant des méthodes de taille convenables.

Taille en gobelet. — Le gobelet est assurément la forme de taille la plus répandue en France.

Il se compose d'une tige verticale de 30 centimètres en moyenne, du sommet de laquelle partent plusieurs bras dirigés obliquement et disposés avec symétrie; chaque bras est muni d'un rameau de l'année destiné à la fructification.

Dans les départements méridionaux la forme en gobelet était à peu près exclusivement adoptée avant le phylloxera.

Avec les porte-greffes il en sera de même dans la grande majorité des cas. Étudions sa formation, nous nous occuperons ensuite de la taille normale :

1° *Formation du gobelet.* — Dans le Midi, le gobelet a de 5 à 6 branches et il faut généralement 5 ou 6 ans pour qu'il soit complétement formé.

Quand le pied pousse avec vigueur pendant l'année de la plantation, on laisse à la première taille un rameau de 15 à 20 centimètres au-dessus du sol.

Si la souche est faible on la taille au-dessus de deux yeux et la formation de la charpente est retardée d'un an.

Dans le premier cas le rameau est destiné à former la tige de la souche ; il doit être palissé à un petit tuteur pour qu'il ait une direction bien verticale.

Souvent on n'emploie pas de tuteurs dans les vignes du Midi ; il faut alors pour constituer la tige, choisir le rameau le mieux dirigé, sans considérer la vigueur.

Ce procédé est vicieux à plusieurs points de vue ; d'abord la tige n'est jamais bien verticale, car, la position du rameau serait-elle convenable au moment de la taille, le poids des pampres la ferait incliner en été. Pour éviter cet inconvénient, les vignerons sont alors forcés de diminuer la hauteur de la tige et de faire partir les coursons de la surface du sol.

On comprend aisément la difficulté qu'entraîne le gobelet dont les ramifications touchent le sol; les labours à la charrue sont plus difficiles et cet instrument risque d'atteindre un des bras de la souche quand on pratique le déchaussement.

A la deuxième année, si la souche est très vigoureuse, on laisse les deux rameaux de l'extrémité, de manière à obtenir la première bifurcation de la tige qui se trouve ainsi à 20 centimètres du sol.

Si la pousse est faible, on laisse un seul rameau qui formera la tige. Dans les terres humides celle-ci doit avoir au moins 30 et même 40 centimètres. Il est alors impossible dans ce cas d'obtenir la bifurcation à la deuxième taille, il faut attendre la troisième.

A la troisième et quatrième tailles les deux rameaux se bifurquent à leur tour, et c'est généralement à la cinquième année que le gobelet est complet.

Inutile de dire que la formation sera retardée, si la souche végète faiblement,

2° *Taille annuelle.* — Quand le gobelet est formé, c'est-à-dire au moment où il a le nombre de bras voulu, la taille annuelle consiste à laisser à chacun d'eux un rameau, coupé au-dessus de deux yeux francs.

La coupe doit être faite sur l'œil suivant, au point où la moelle est interrompue. On sectionne perpendiculairement au rameau, et il faut veiller à ce que l'œil sur lequel on taille, soit enlevé avec le sarment.

Les rameaux venus sur le bois de l'année précédente sont seuls fructifères ; ceux qui ont poussé sur le vieux bois donnent naissance à des pampres infertiles.

On ne doit donc conserver que les premiers à la taille d'hiver ; comme ils sont toujours à l'extrémité du bras, celui-ci a une tendance à s'allonger à mesure que la souche vieillit.

Cette tendance peut être modérée en choisissant pour rameaux à fruits ceux qui sont placés le plus bas sur le bois de deux ans ; mais l'allongement n'est que retardé et il faut toujours avoir recours au moyen suivant, au bout d'un certain temps.

3° *Rabaissement des coursons.* — Pour rabaisser une branche, il faut laisser à sa base un faux bourgeon qui est taillé à deux yeux.

L'année suivante, si les rameaux se développent avec vigueur, on ampute la branche au-dessus de l'insertion du rameau laissé l'année précédente, lequel remplit alors les conditions nécessaires à la fructification.

Gobelet avec long bois en cerceau. — Consiste à laisser un rameau de 50 à 60 cent. sur l'une des branches, à lui faire décrire un demi-cercle et à le fixer sur un bras opposé.

Ce procédé donne d'excellents résultats pour maîtriser la vigueur des jeunes vignes, lesquelles à cinq ou 6 ans ont une tendance à produire plus de bois que de fruits ; elles sont *folles* comme disent les vignerons.

Si l'on devait l'employer chaque année pour les variétés qui demandent une taille à long bois, il serait nécessaire de diminuer le nombre de bras ou d'augmenter l'espacement des souches.

Le nombre des bourgeons ne peut pas être augmenté impunément, et si une souche nourrit plus de rameaux, il est nécessaire de lui donner une plus grande surface de terrain.

Méthodes de taille à grand développement. — Si, en principe, le gobelet doit être maintenu dans les vignes greffées, il n'en est pas de même pour les producteurs directs.

Certains d'entre eux demandent une taille longue et une souche à grand développement pour fructifier abondamment.

A un autre point de vue, il est encore utile d'adopter cette taille. Les vignes situées dans des bas-fonds exposés aux gelées printanières peuvent être préservées, lorsque les pampres de l'année sont à une certaine distance du sol. Il n'est pas rare, en effet, qu'une gelée épargne les jeunes rameaux qui sont à 60 ou 80 cent., tandis qu'elle détruit ceux qui avoisinent le sol.

Les méthodes suivantes nécessitant un treillage sur lequel est palissée la vigne, se prêtent très bien à l'élévation des souches au-dessus du sol.

Un troisième cas où les vignes à grand développement sont nécessaires, c'est dans celui où elles sont établies sur les bords des rivières, et exposées aux inondations. On comprendra facilement l'utilité de préserver ces vignes en les mettant au-dessus du sol, à un niveau où l'eau boueuse ne puisse souiller les fruits.

Les vignes à grand développement dans le Centre. — Si, dans le Midi, cette méthode ne doit être employée que dans les cas spéciaux que nous venons d'examiner, il n'en est pas de même dans le Centre de la France, où la vigne conduite en treillage est plus répandue.

Il faut conserver cette méthode partout où elle est employée, que l'on ait recours aux vignes greffées ou aux producteurs directs.

Le palissage des vignes, qui est quelquefois un inconvénient dans le Midi, est toujours utile dans le Centre. On devra donc employer les méthodes suivantes, toutes les fois qu'on opèrera en plaine. Les façons de culture sont bien simplifiées, et les labours peuvent être exécutés par les animaux, ce qui est plus économique.

Nous ne décrivons ici que le cordon Cazenave et la treille Sylvoz.

Cordon Cazenave.— Se compose d'un treillage formé de trois fils de fer tendus, sur lequel est palissé la vigne.

La plantation se fait en lignes distancées de 2 mètres à 2 mètres 50 ; les pieds ont un écartement dans la ligne de 1 mètre 75 à 2 mètres.

A la première et à la deuxième année, les ceps sont taillés très-court ; les rameaux étant peu nombreux, ceux-ci sont très développés à la fin de la deuxième année.

On établit alors le treillage de la manière suivante : au pied de chaque souche est planté un échalas de 1 mètre 50 environ ; sur ces échalas sont fixés trois fils de fer : le premier est placé à 50 centimètres du sol, le deuxième à 33 plus haut, et le troisième à 55 au-dessus du deuxième.

Aux extrémités des lignes, les fils de fer sont dirigés vers le sol, où ils se réunissent tous les trois.

On les assujettit alors à 50 ou 60 centimètres de profondeur à un échalas couché horizontalement et recouvert de terre.

Au moyen de raidisseurs on tend fortement les fils de fer et on peut alors palisser la souche sur le treillage.

A la 3e taille, le rameau le mieux développé est coupé à une longueur de 60 à 70 centimètres, et on le palisse sur le premier fil de fer après l'avoir coudé horizontalement.

A la 4e taille, un des rameaux de l'extrémité est réservé pour continuer le cordon, et sur la partie horizontale on laisse un courson tous les 35 centimètres.

Le rameau de prolongement est taillé de 40 à 60 centimètres, selon sa vigueur, et les autres à 40 centimètres. Le 1er est palissé le long du fil de fer, les autres sont inclinés et fixés au 2e fil de fer.

Une fois le cordon formé, les tailles annuelles consistent à laisser deux rameaux à chaque courson ; le 1er est taillé à deux yeux et sert à assurer le remplacement, le 2e est destiné à la production et est coupé à 40 centimètres. On palisse ce dernier comme il a été indiqué, et chaque année cette branche à fruit est remplacée par l'un des pampres développé sur le premier rameau.

Le cordon Cazenave adopté dans le Bordelais peut être avantageusement employé pour mettre à fruit les cépages qui demandent la taille à long bois. Avec cette méthode, les rameaux se trouvant à une certaine distance du sol, les raisins ne sont plus sujets à être souillés quand la vigne est inondée.

Treille Sylvoz. — La vigne est plantée à 3 mètres dans un sens et à 2 mètres dans l'autre.

Comme dans le cas précédent, il faut trois fils de fer au moins, mais la souche est palissée sur le 2e.

La taille de formation est la même que dans le cas

précédent. La taille annuelle consiste à ne laisser qu'un seul rameau de 40 à 50 centimètres de long, lequel est coudé et vient se fixer au fil de fer inférieur.

Il n'est pas nécessaire de laisser à la base du courson un rameau taillé à deux yeux pour assurer le remplacement, car la courbure du long bois provoque à sa base le développement de pampres vigoureux, qui pourront servir à la fructification l'année suivante.

Le troisième fil de fer, comme dans les cordons *Cazenave*, sert à soutenir les pampres pendant l'été.

La méthode Sylvoz permet d'éloigner la souche du sol et peut ainsi, dans une certaine mesure, contribuer à éviter les gelées du printemps.

Son grand développement et ses longs bois conviennent particulièrement aux cépages américains vigoureux, comme le Cynthiana par exemple.

La disposition des fils de fer peut être modifiée : on peut élever la souche à 1 m. au-dessus du sol, le premier fil de fer sera alors à 75 centim. de hauteur. Dans les vignes très vigoureuses on place 4 fils de fer au lieu de 3 ; il faut alors des échalas de plus grande dimension pour soutenir ce treillage ou bien employer des piquets en ciment, comme cela se pratique sur quelques point du Dauphiné.

CHAPITRE II

De la fumure annuelle

Du rôle de l'engrais dans la culture de la vigne. — La vigne, comme toutes les plantes, a besoin de principes fertilisants pour se développer normalement. A part quelques sols très riches, la plupart des terrains ont besoin de recevoir de l'engrais à certains moments.

La nature et la quantité de l'engrais ont une grande influence sur la qualité et surtout sur l'abondance de la production; il convient donc d'étudier sommairement les principes qui forment la matière utile dans un engrais.

Éléments essentiels à la végétation. — 1° *Azote.* — C'est l'élément principal de tous les engrais, mais il se trouve à différents états qu'il est utile de distinguer au point de vue pratique. En premier lieu se présente l'*azote ammoniacal* que renferme le fumier à l'état frais, et qu'il est facile de reconnaître à son odeur caractéristique quand on manipule les déjections des chevaux et des moutons. Dans le commerce on trouve l'azote ammoniacal à l'état de *sulfate d'ammoniaque.*

L'*azote nitrique* est contenu dans les nitrates de soude ou de potasse, bien connus de ceux qui font usage des engrais commerciaux.

L'azote sous ces deux états agit très vite sur les plantes; employé sur la vigne, il en augmente rapidement la vigueur; à dose exagérée, il tend à la pousser à la production du bois au détriment des fruits.

L'azote se trouve encore à l'état *organique* dans les fumiers décomposés, les terreaux, les cornailles, les chiffons de laine,... etc.

Sous cette forme l'azote agit lentement; les engrais qui le contiennent peuvent être employés en assez forte dose sans que la végétation en souffre.

Nous verrons plus loin comment on utilise ces substances et quelle est leur valeur commerciale.

2° *Acide phosphorique.* — Se retrouve en grande quantité dans les os des animaux ; le commerce nous le fournit à l'état de *phosphate naturel*, de *superphosphate* et de *phosphate précipité.*

Le 1er à une valeur moitié moindre que les deux autres, du reste il n'est employé pour la vigne que dans les terrains acides et comme mélange dans les fumiers.

Quand on veut fumer exclusivement avec des engrais chimiques, il faut avoir recours au superphosphate et surtout au phosphate précipité.

3° *Potasse.* — Élément très utile à la vigne. — Elle favorise la fructification dans les vignes vigoureuses ayant une tendance à produire beaucoup de sarments.

Tout en augmentant la quantité de fruits, la potasse élève le degré alcoolique des vins.

Ces trois éléments forment par leur réunion un engrais complet ; selon l'état des vignes, on doit employer de préférence un des trois éléments ou bien l'engrais complet. Examinons ces différents cas.

Indications fournies par la végétation sur la fumure à employer.

1° *Vignes folles.* — Les vignerons appellent *vignes folles* celles qui ont une tendance à produire beaucoup de bois et peu de fruits. Ce sont en général celles qui sont établies dans les terrains très riches ou qui ont été fumées pendant très longtemps avec du fumier.

On corrige ce défaut par une fumure donnée avec un engrais potassique.

2° *Vignes faibles.* — Les vignes qui sont peu vigoureuses doivent être fumées abondamment avec un engrais complet riche en azote.

Les bons fumiers frais, de cheval ou de mouton, conviennent particulièrement à ces vignobles.

Avec du fumier de bêtes à cornes, il sera bon d'ajouter des tourteaux ou du sulfate d'ammoniaque à la dose de 150 à 200 kil. à l'hectare.

3° *Vignes normales.* — On doit donner à ces vignes un engrais complet, c'est-à-dire contenant tous les éléments indispensables à la végétation pour que la production et la vigueur se maintiennent.

Le fumier de ferme est bien un engrais complet, mais il est rare qu'il puisse maintenir indéfiniment une bonne fructification dans les vignobles où il est employé exclusivement.

Dans les terres très riches en éléments minéraux il peut donner pendant longtemps d'excellents résultats; mais dans la plupart des cas il faut lui adjoindre des engrais complémentaires.

Telles sont les principales indications que nous fournit la végétation et qui peuvent être mises à profit pour fumer la vigne d'une manière rationnelle. Nous allons examiner, maintenant, les principaux engrais pouvant être employés à cet effet.

Des différents engrais. — 1° *Fumiers.* — Les fumiers varient selon la nature des animaux qui les ont fournis. En général, dans les exploitations, on mélange toutes les déjections des animaux, et on obtient ainsi le *fumier normal.*

On estime que, dans une vigne ordinaire, il faut de 8 à 10,000 kil. de fumier par hectare et par an. Dans les pays où les anciennes vignes sont conservées au moyen du sulfure de carbone, cette quantité doit être augmentée d'un tiers.

La dose que nous avons indiquée est nécessaire pour

entretenir la fertilité pendant une année seulement, elle sera doublée ou triplée selon que l'on fumera tous les deux ou trois ans.

2° *Composts, Curures de fossés, Boues de villes.* — Ces substances sont très appréciées dans les crus renommés. En effet, tout en favorisant la fructification, elles ne modifient pas sensiblement la qualité du produit, comme cela a lieu avec les engrais trop actifs.

Dans les fermes tous les déchets végétaux doivent être mis en composts ; ces matières sont disposées en tas réguliers, où elles subissent une fermentation spéciale, après laquelle elles constituent un excellent engrais.

Leur décomposition sera favorisée par une addition de chaux ; en les arrosant avec du purin, on les enrichit.

Les composts ne doivent être conduits dans la vigne qu'après fermentation et quand les mauvaises herbes ont germé.

Une foule de substances peuvent être ainsi utilisées dans les fermes, et les vignerons ne sauraient trop s'attacher à les recueillir et à les traiter soigneusement.

La quantité à employer varie beaucoup selon la nature de ces engrais ; ils s'emploient à la dose de 20 à 60 mètres cubes par hectare.

Les marcs de raisins entrent dans cette catégorie de substances.

3° *Buis et autres végétaux ligneux.* — Les buis, les cistes, les lentisques, les genièvres, les rameaux des pins et sapins, etc., et sur les bords de la mer, les plantes marines, peuvent être aussi employés pour la fertilisation des vignes.

Ces végétaux se décomposent très lentement dans le sol, ce qui permet d'en augmenter la dose sans inconvénient. Leurs effets sont de longue durée.

On se trouve très bien de leur emploi dans les tranchées de provignage. Mélangés avec du fumier, ils se décomposent assez vite pour favoriser dès les premières années, le développement des souches provignées.

4° *Cornailles, Débris de chiffons et de cuirs.* — Ces débris animaux sont riches en azote, mais sont assez lents à se décomposer. Ils renferment l'azote à l'état organique.

5° *Tourteaux.* — Leur emploi est très répandu dans le midi de la France ; ils se décomposent plus rapidement que les engrais déjà mentionnés et conviennent particulièrement aux vignes faibles, auxquelles ils donnent de la vigueur. La dose varie de 1200 à 1800 kilog. par hectare.

6° *Sang desséché, Guano, Colombine, Poudrette.*— Toutes ces matières favorisent le développement de la souche et en particulier la production du bois.

Ces diverses substances, examinées dans les paragraphes 4, 5 et 6, agissent par l'azote qu'elles renferment. Elles demandent à être complétées, dans les vignes normales, par du chlorure de potassium ou du sulfate de potasse à la dose de 150 à 200 kilos par hectare.

Pour les vignes folles cette dose devra être maintenue, mais les engrais des paragraphes 4, 5, 6 seront employés en petite quantité.

De la fumure aux engrais chimiques. — Les fumiers et les autres substances déjà décrits sont quelquefois insuffisants pour la fertilisation des vignes.

Il convient alors d'employer les engrais chimiques.

Ces engrais, que l'on trouve maintenant dans le commerce en grande quantité, sont aussi utilement employés pour améliorer les fumiers, comme nous l'avons vu plus haut. Nous aurons donc à les examiner à ces deux points de vue, comme complément et comme engrais complet.

Dans les deux cas, on peut acheter les matières premières et faire le mélange chez soi en se servant de formules spéciales, établies d'après les besoins de la vigne et qui varieront selon sa végétation.

Du prix et de l'achat des engrais. — La valeur d'un engrais est déterminée par sa richesse en éléments fertilisants. Ces éléments : l'*azote*, l'*acide phosphorique* et la *potasse* se vendent maintenant comme une marchandise ordinaire, et leur prix est soumis à la loi de l'offre et de la demande.

L'azote et la potasse ne sont point achetés à l'état pur, mais sous forme de composés. L'agriculteur doit donc considérer dans l'achat de ces engrais leur richesse en principes fertilisants.

Toutes les fois qu'un marchand lui propose un engrais, il doit comparer le prix demandé au dosage indiqué et *garanti*. Ainsi le sulfate d'ammoniaque vendu 35 fr. les 100 kilog. et dosant 20 p. °/₀ d'azote sera meilleur marché que celui vendu 30 fr. et dosant 15 p. °/₀. Le kilogramme d'azote se paie en effet 1 fr. 75 dans le premier cas et 2 fr. dans le second.

Du prix des matières fertilisantes. — Les engrais se vendent à des prix variables selon les années. Voici un tableau indiquant des prix moyens :

L'azote nitrique ou ammoniacal vaut	de 1f 50 à 2f 50 le kil.
» organique	de 0 75 à 1 50
L'acide phosphorique soluble	de 0 60 à 1 »
» insoluble	de 0 40 à 0 60
La potasse soluble	de 0 40 à 0 70
» insoluble	de 0 20 à 0 35

L'achat des engrais chimiques ne présente donc aucune difficulté; ces engrais ne diffèrent les uns des autres que par la nature et la proportion d'éléments fertilisants à faire intervenir dans la fixation du prix.

Des engrais chimiques complets. — Donner un engrais complet à la vigne, c'est restituer annuellement au sol les éléments puisés par ses racines. Mais le sol renferme souvent en grande quantité un ou plusieurs éléments, de sorte qu'il est souvent possible d'en diminuer la dose.

L'état de végétation de la vigne que l'on se propose de fumer est un indice d'une grande valeur; tuot le monde s'en rend compte, aussi nous en servirons-nous pour établir les formules de fumures. Les viticulteurs auront alors à choisir une des formules suivantes, selon que leur vigne aura une tendance à la production du bois ou à celle des fruits, ou qu'elle poussera faiblement.

Principes fertilisants à introduire annuellement dans un hectare de vigne. — Formules de fumure.

FORMULE N° 1. — *Vignes folles.*

Acide phosphorique................	25 k.
Potasse........................	60

FORMULE N° 2. — *Vignes faibles.*

Azote..........................	60 k.
Acide phosphorique...............	40
Potasse........................	100

FORMULE N° 3. — *Vignes normales.*

Azote..........................	30 k.
Acide phosphorique................	35
Potasse........................	80

Cas spécial des terrains non calcaires. — A part ces trois éléments principaux, la vigne absorbe de la chaux en assez grande quantité. On peut négliger de faire intervenir cet élément dans les sols calcaires, mais dans tout autre terrain, il est bon d'ajouter, chaque année, de 300 à 400 kil. de plâtre.

Pour passer de la formule à la composition de l'engrais, on a recours à un calcul bien simple que nous allons étudier.

Engrais chimiques renfermant les principes fertilisants. — Les matières à employer pour donner les quantités indiquées dans les formules ci-dessus, sont :

Pour l'azote............	sulfate d'ammoniaque, nitrate de soude, nitrate de potasse ;
Pour la potasse..........	sulfate de potasse, nitrate de potasse, sulfure de potassium, chlorure de potassium ;
Pour l'acide phosphorique.	superphosphate de chaux, phosphate précipité, phosphate fossile, poudre d'os.

Calcul des doses à employer. — La quantité de chacune de ces substances nécessaire pour satisfaire aux formules est obtenue par le moyen suivant : *On multiplie par 100 la dose indiquée par la formule, et ce produit est divisé par le chiffre qui représente la teneur pour 100 en principes fertilisants.*

Exemple : Si l'on emploie du nitrate de soude titrant 15 pour 100, pour fumer un hectare, selon le 2e exemple de la formule 3, il faudra : $\frac{60 \times 100}{15}$ = 400k. de nitrate.

Pour les autres formules et pour d'autres substances, le calcul serait exactement le même.

Nous allons donner quelques exemples de fumure :

Formule N° 1

1er Exemple

Superphosphate titrant 11 °/₀ d'acide phosphorique..........	$\frac{25 \times 100}{11}$	= 227 kil.
Chlorure de potassium titrant 38 °/₀ de potasse..............	$\frac{60 \times 100}{38}$	= 157 kil.

2e Exemple

Phosphate précipité titrant 30 °/₀ d'acide phosphorique.....	$\frac{25 \times 100}{30}$	= 83 kil.
Sulfate de potasse titrant 40 °/₀ de potasse..................	$\frac{60 \times 100}{40}$	= 150 kil.

Formule N° 2

1er Exemple

Sulfate d'ammoniaque titrant 20 °/₀ d'azote................	$\frac{60 \times 100}{20}$	= 300 kil.
Phosphate précipité titrant 35 °/₀ d'acide phosphorique.....	$\frac{40 \times 100}{25}$	= 114 kil.
Chlorure de potassium titrant 40 °/₀ de potasse.............	$\frac{100 \times 100}{40}$	= 250 kil.

2e Exemple

Nitrate de potasse titrant (1) 44 °/₀ de potasse et 13 °/₀ d'azote.	$\frac{180 \times 100}{44}$	= 227 kil.

(1) Le nitrate de potasse contient 2 éléments de fertilité : la potasse et l'azote. Dans ce cas, il faut d'abord chercher la quan-

Nitrate de soude titrant 15 °/₀ d'azote........................ $\frac{31 \times 100}{15} = 206$ kil.

Superphosphate titrant 10 °/₀ d'acide phosphorique.......... $\frac{40 \times 100}{10} = 400$ kil.

Formule N° 3

1er Exemple

Sulfate d'ammoniaque titrant 15 °/₀ d'azote................ $\frac{30 \times 100}{15} = 200$ kil.

Phosphate précipité titrant 25 °/₀ d'acide phosphorique.... $\frac{35 \times 100}{25} = 140$ kil.

Chlorure de potassium titrant 35 °/₀ de potasse............... $\frac{80 \times 100}{35} = 228$ kil.

2e Exemple

Nitrate de soude titrant 40 °/₀ d'azote....................... $\frac{30 \times 100}{40} = 75$ kil.

Poudre d'os titrant 7 °/₀ d'acide phosphorique................. $\frac{35 \times 100}{7} = 500$ kil.

Sulfate de potasse titrant 35 °/₀ de potasse.................... $\frac{80 \times 100}{35} = 288$ kil.

Nous avons pris, en établissant ces modèles de fumure, des chiffres moyens pour représenter la teneur en éléments fertilisants. En pratique, on prendra, pour faire le calcul, la teneur de chaque engrais acheté.

On pourra également changer les substances pourvu

tité de nitrate pour avoir la potasse nécessaire. L'azote contenu dans ce sel est alors à déduire de celui qui est nécessaire pour la fumure. Ainsi, dans cet exemple, au lieu de prendre 60 kil. d'azote en nitrate de soude, nous n'en prenons que 31, car il y en a déjà 29 dans le nitrate de potasse.

qu'on donne toujours au sol ce qui lui est nécessaire pour entretenir sa fertilité.

Il faudra, pour chaque fumure, faire les mêmes calculs en prenant l'une des trois formules.

Époque et répartition des fumures. — Les fumures sont ordinairement appliquées au premier labour de printemps.

Le meilleur mode de répartition consiste à répandre l'engrais sur toute la surface du sol.

On enfouit les fumiers à la charrue, mais les engrais pulvérulents doivent être répandus après le labour et recouverts par un hersage.

CHAPITRE III

DES OPÉRATIONS D'AMEUBLISSEMENT

Premier labour. — Dès le mois de février, aussitôt que le sol est ressuyé, on doit commencer les labours de la vigne.

Les terrains de coteaux, peu exposés aux mauvaises herbes, seront labourés avant les sols situés dans les bas fonds. — Ces derniers étant sujets à l'envahissement des mauvaises herbes, ne doivent être ameublis que lorsque les graines des plantes adventices ont germé.

Dans tous les cas, il faut avoir terminé le premier labour au moment où la vigne va entrer en végétation, car, fraîchement labourée, elle est mieux exposée aux gelées.

Le premier labour est celui qui doit être donné le plus profondément, la couche remuée doit avoir de 15 à 20 cent.

On se sert, pour l'exécuter, de la charrue déchausseuse (fig. 11), et on endosse au milieu des rangées, afin de dégarnir le pied des souches.

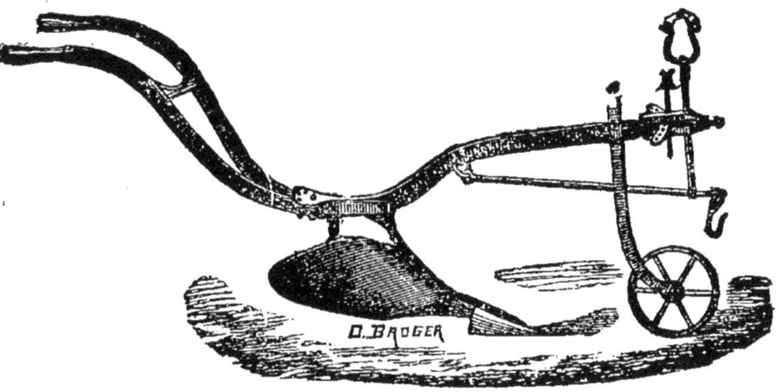

Fig. 11. — Charrue vigneronne.

L'action de la charrue est complétée par la main de l'homme, qui enlève la bande étroite restant le long des rangées de souches.

Afin d'éviter que celles-ci soient endommagées par le palonnier, on peut employer avec avantage le harnais viticole représenté dans la fig. 12.

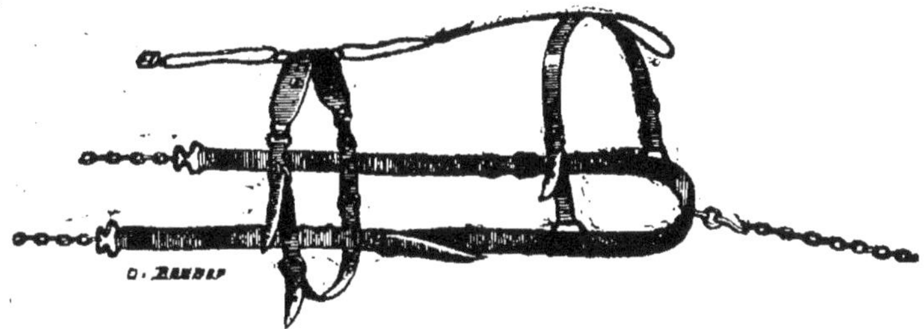

Fig. 12. — Harnais viticole (1).

(1) Ce harnais, confectionné par la maison Vermorel, de Villefranche, est vendu 45 francs avec les traits en cuir et 30 avec les traits en corde.

2° *Labour.* — S'exécute dans le courant de mai, au moment où la vigne n'est plus exposée aux gelées tardives. Cette opération doit être donnée perpendiculairement à la première.

3° *Labour.* — Se donne à 10 ou 12 centimètres de profondeur dans le courant du mois de juin. Il faut, autant que possible, éviter de labourer au moment où la vigne est en fleurs, le refroidissement qui résulte de l'évaporation du sol récemment remué pouvant occasionner la coulure.

Binages. — En dehors des opérations déjà citées, la vigne doit recevoir des façons moins profondes, qui ont pour but d'ameublir la surface et de détruire les mauvaises herbes.

Dans les terrains argileux on emploie avec avantage le scarificateur (fig. 13) entre le 1er et le 2e labour.

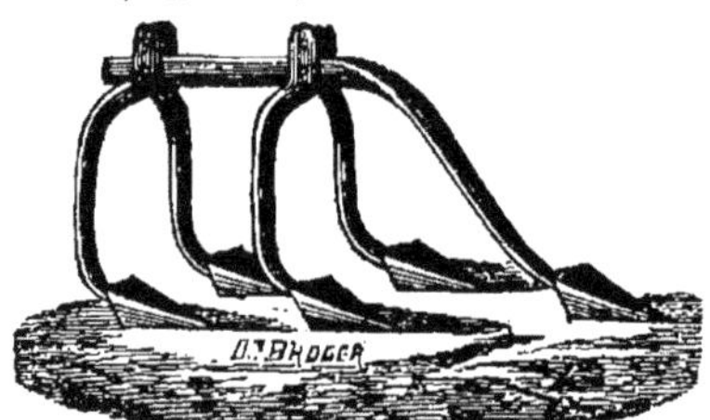

Fig. 13. — Scarificateur à cinq dents

Cet instrument est également employé lorsque le sol est trop dur pour être pénétré par la houe (fig. 15) ou l'extirpateur (fig. 14), et pour donner le troisième labour dans les terrains perméables.

Fig. 14. — Extirpateur à expansion.

Après le deuxième et le troisième labour, il est utile d'employer l'extirpateur (fig. 14) qui complètera l'ameublissement. Les façons supplémentaires sont d'une très grande utilité pour entretenir le sol frais et exempt de mauvaises herbes.

Ces deux instruments peuvent s'adapter à la charrue Vermorel (fig. 12).

Dans les vignobles méridionaux où les sarments sont étalés sur toute la surface du sol, on se contente de ces opérations, dont la dernière se donne en juillet.

A partir de ce moment il devient difficile d'entrer dans les vignes ; du reste les mauvaises herbes ne se développent pas beaucoup par suite de l'extrême sécheresse de cette région.

Mais dans le Centre et même dans le Midi où l'on cultive la vigne en treille, l'ameublissement est indispensable pour préserver le sol du dessèchement. Il faut alors donner des façons très superficielles, mais souvent renouvelées.

La houe vigneronne (fig. 15) convient particulièrement aux cultures d'été.

Fig. 15. — Houe vigneronne à expansion.

Labours à la main. — Lorsque l'écartement des souches ne permet pas de cultiver la vigne à la charrue, on donne généralement deux labours complétés par un binage; le premier est exécuté en février en déchaussant et le deuxième en mai. Une troisième opération est ensuite nécessaire pour enlever les mauvaises herbes ; c'est le binage. Il est rare qu'on donne plus de trois façons quand la vigne est cultivée à bras d'hommes.

CHAPITRE IV

De la taille en vert et du palissage, en été.

La taille en vert dans les divers climats. — Nous comprenons sous le nom de taille en vert : l'*ébourgeonnage*, le *rognage* et l'*effeuillage*. Ces diverses opérations seraient dans la plupart des cas nuisibles dans le Midi, aussi ne sont-elles appliquées que très rarement dans cette région.

Dans le Centre elles sont nécessaires, du moins dans une certaine mesure.

Examinons-les sommairement.

Eboargeonnage. — Cette opération consiste à enlever, en mai ou en juin, tous les pampres qui se développent sur le vieux bois, en ayant soin cependant d'en laisser un à la base des branches que l'on veut rabaisser.

L'ébourgeonnage sera employé dans le Midi lorsqu'on aura affaire à de jeunes vignes en formation et dans les endroits humides où elles sont très touffues.

En dehors de ces cas, on ne doit pas ébourgeonner.

Dans le Centre l'ébourgeonnage est une opération indispensable qui ne doit jamais être négligée.

Pincement. — Peut être employé pour la Clairette dans le Midi, mais dans la culture ordinaire on ne pince jamais.

Dans le Centre où l'ébourgeonnage est nécessaire, le pincement a des effets plus douteux. Il faut remonter à l'extrême limite de la vigne, aux environs de Paris, pour que cette pratique devienne rationnelle.

Avec les treilles dite à la Thomery, le pincement facilite beaucoup la maturité du Chasselas.

Rognage. — Diffère du pincement par l'époque, et aussi par la longueur laissée aux rameaux. Le pincement s'exécute en juin au dessus de deux feuilles après le dernier fruit. Le rognage se fait en août et les sarments sont coupés à 80 centimètres et même à 1 mètre.

Le rognage serait d'un effet désastreux dans le Midi et ne doit être pratiqué que dans les vignes très exubérantes du centre de la France.

Effeuillage. —N'est guère utile que dans les années très humides, pour éviter la pourriture. Encore faut-il être très sobre dans la suppression des feuilles et ne jamais les enlever toutes en une seule fois.

Palissage des pampres. — Est utile lorsque la vigne est cultivée en treillage. Avec le cordon Cazenave et la treille Sylvoz, il faut palisser tous les sarments aux 2e et 3e fils de fer pendant l'été.

Dans toutes ces opérations d'été, on doit éviter de mettre les raisins à découvert au moment de la véraison, car on s'exposerait au grillage, accident déterminé par les rayons de soleil arrivant directement sur les raisins.

CINQUIÈME PARTIE

ACCIDENTS ET MALADIES DE LA VIGNE

CHAPITRE PREMIER

INTEMPÉRIES

Gelée d'hiver. — Dans le midi de la France la vigne ne gèle jamais en hiver, mais dans les régions plus septentrionales sa tige est exposée à être détruite à des périodes plus ou moins éloignées.

On évite la gelée en employant des méthodes de taille dans lesquelles les coursons sont très éloignés du sol, à 1 mètre et même davantage, quand la vigne est placée dans des bas fonds.

Si malgré cette précaution la souche est détruite par le froid, il faut récéper et former une nouvelle charpente.

Gelées de printemps. — On distingue les gelées *à glace* et les gelées *blanches*. Les premières sont occcasionnées par un refroidissement général de la température au début de la végétation.

En taillant tard de manière à retarder la végétation on peut se préserver très souvent des gelées à glace. Mais dans les bas fonds exposés aux gelées printanières on devra choisir les cépages à débourrement tardif.

Les *gelées blanches* sont celles qui se produisent le plus tardivement au printemps. Elles coïncident avec un temps calme et un ciel clair.

On évite ces gelées en employant les nuages artificiels, obtenus avec de la paille mouillée ou mieux avec les *huiles lourdes* extraites du goudron.

Ces matières sont placées dans des godets, de distance en distance, sur toute la surface de la vigne ; si le thermomètre s'approche de 0°, il faut allumer l'huile et il se forme un nuage au-dessus de la vigne. Le refroidissement extrême a lieu au moment où le soleil va se lever. C'est lorsque le jour commence à poindre qu'il faut surtout consulter le thermomètre.

Grêle. — Il n'y a pas de préservatif contre la grêle. Quand les jeunes rameaux sont frappés au commencement de la végétation, M. Foëx conseille de les tailler, comme s'il s'agissait de bois d'un an (1).

Coulure. — Lorsque la floraison coïncide avec une période pluvieuse, beaucoup de fleurs avortent. Cet accident peut être souvent évité en effectuant le 2e soufrage lors de la floraison et en évitant de donner des labours à cette époque.

CHAPITRE II

MALADIES DIVERSES

Oïdium. — Cette maladie se manifeste d'abord, par une poussière blanchâtre sur les productions herbacées : *feuilles, sarments, fruits*.

Peu de temps après, les poussières deviennent gri-

(1) *Manuel de viticulture*, page 202.

sâtres et déterminent des accidents sur chacune de ces productions. Les jeunes feuilles se couvrent à leur partie supérieure de taches noirâtres, ce qui empêche ces organes de fonctionner normalement. Sur les rameaux les altérations sont aussi très accusées, car si la maladie apparaît de bonne heure, les pampres se cassent avant l'aoûtement.

Mais les effets sont autrement graves sur les raisins. Les grains, par suite de la présence de l'oïdium, se couvrent d'un feutrage qui les empêche de se développer.

Le grain ne pouvant grossir se fend et ne tarde pas à se dessécher.

Comme il est facile de le comprendre, la vigne souffre énormément de l'oïdium, la récolte est le plus souvent détruite et les souches finissent par succomber ou tout au moins s'affaiblissent beaucoup lorsqu'elles sont envahies plusieurs années de suite.

Traitement de l'oïdium. — Si cette maladie est d'une gravité exceptionnelle, fort heureusement le remède trouvé est d'une efficacité tellement certaine que dans les régions où il a été employé on ne se préoccupe plus de l'oïdium.

Dans nos vignobles méridionaux le soufrage était devenu avant le phylloxera une opération ordinaire de culture dont le succès n'était douteux pour personne.

En remontant dans le Centre, les résultats sont moins constants, aussi le soufrage a-t-il été abandonné quelquefois ; cependant, en prenant quelques précautions, il produit des effets aussi efficaces que dans le Midi.

C'est à M. H. Marès que revient l'honneur d'avoir établi les règles pratiques du soufrage rationnel.

On a été amené, par la certitude d'être envahi annuellement, par l'efficacité du soufre et le bon marché de son emploi, à effectuer les soufrages à des époques précises, *qu'il y ait ou qu'il n'y ait pas d'oïdium.* On donne alors les trois soufrages suivants :

Premier soufrage. — S'exécute au moment où les bourgeons ont de 10 à 15 centimètres. En soufrant à cette époque, on dépense très peu de soufre ; de plus, les bons effets que produit cette substance sur la végétation légitiment suffisamment son emploi dans le cas où il n'y aurait pas de trace d'oïdium.

Deuxième soufrage. — C'est à la floraison que l'on soufre pour la deuxième fois la vigne. On choisit cette époque en vue des résultats que produit le soufre contre la coulure.

Troisième soufrage. — Doit se donner dans le courant du mois de juin et juillet, au moment où la vigne est déjà très développée. Il faut toujours soufrer avant la véraison, car après on s'exposerait au grillage des raisins.

Soufrages supplémentaires. — En outre des trois soufrages classiques, il faut en augmenter le nombre toutes les fois que la maladie sévit avec intensité. Si après le premier soufrage on aperçoit de nombreuses traces d'oïdium, il faut soufrer aussitôt et ne pas attendre la floraison. Il en est de même aux autres époques de la végétation.

Du temps favorable au soufrage. — On choisit le moment de la journée où il ne fait pas de vent. Le soufrage peut être exécuté le matin, à la rosée ; son action est aussi efficace que par un temps sec. Il faut éviter de répandre le soufre avant les pluies, car 3 ou 4 journées chaudes sont nécessaires pour que le soufrage produise son effet. Si une pluie vient laver la vigne après l'opération, il faut la recommencer aussitôt le beau temps revenu.

C'est pour n'avoir pas observé ces indications que l'on a souvent obtenu des résultats négatifs dans le centre de la France. Dans cette région, il arrive, pendant des périodes pluvieuses et froides entrecoupées de quelques belles journées, que l'Oïdium se développe et le que soufre est inefficace ; il est alors indispensable de soufrer au premier jour favorable.

Instruments. — Il faut répandre le soufre en nuage, de manière à ce que toutes les parties de la plante soient atteintes et qu'aucune d'elles ne soit recouverte par des plaques de soufre.

Les instruments à courant d'air, seuls réalisent ces conditions. Il faut donc éliminer le *sablier* et n'employer que le soufflet ou l'instrument appelé « hotte à soufrer ».

On construit depuis quelques temps des appareils dont le courant d'air est déterminé par une roue à ailettes, d'après les principes du *tarare ordinaire.* Le soufre est très bien diffusé, mais il faut choisir les instruments qui ne sont pas sujets à s'engorger, ce qui arrive souvent avec ces instruments.

Des différents soufres. — Dans le commerce on trouve le soufre sublimé et le soufre trituré. Le premier a été longtemps considéré comme supérieur au second, mais depuis que l'on a des procédés permettant d'obtenir le soufre à un état très fin, ce dernier peut être employé avec succès.

Anthracnose. — Cette maladie est connue aussi sous le nom de *charbon* et de *rouille noire.* On connaît plusieurs formes d'Anthracnose :

1° La forme *ponctuée*, caractérisée par la présence

de points sur les sarments atteints; ceux-ci, étant criblés de ces petites taches, souffrent beaucoup de leur présence.

L'Anthracnose ponctuée apparaît aussi sur les feuilles et sur les raisins, mais les lésions qu'elle détermine sur ces organes, sont généralement moins graves que celles occasionnées par la forme suivante :

2° La forme *maculée* ressemble à un chancre; celui-ci envahit les sarments et les fruits. Les lésions se manifestent d'abord par une tache rougeâtre; cette tache se fonce de plus en plus et il se forme une sorte de meurtrissure qui pénêtre dans l'intérieur du rameau.

Les pampres qui ont un certain nombre de ces taches cessent de s'accroître. Sur les raisins, les lésions déterminent le dessèchement du grain, ou même de la grappe si le mal se manifeste sur le pédoncule du fruit.

3° *L'Anthracnose déformante* diffère des formes précédentes par la déformation des rameaux et des feuilles. Les lésions ne sont jamais creuses, ce sont des pustules rousses qui déterminent la distorsion des rameaux.

Traitement. — Les soufrages énergiques pratiqués avec un temps sec agissent favorablement, mais ils sont impuissants à enrayer le mal.

On a préparé un grand nombre de poudres. M. Pierre Viala (1), qui les a toutes expérimentées, s'est arrêté au mélange de chaux pulvérisée avec le soufre, dans la proportion de 1 de chaux pour 4 de soufre quand la maladie est bénigne, et 1 de chaux pour 1 de soufre lorsqu'elle est grave.

En donnant les soufrages ordinaires, on emploie le

(1) Pierre Viala. — *Les maladies de la vigne*, p. 171.

mélange ci-dessus, mais lorsque l'Anthracnose sévit avec intensité, il faut les renouveler plus souvent que pour l'Oïdium.

Comme traitement préventif on peut employer le moyen suivant divulgué par M. Reich (1). Il consiste à badigeonner toutes les parties de la souche avec une dissolution concentrée de sulfate de fer à 50 p. °/₀. Ce sel est dissout à chaud et il est appliqué à froid au moyen d'un tampon sur les coursons et vieux bois, sans en excepter les bourgeons pourvu toutefois que l'on opère avant le débourrement.

On peut se servir également (fig. 16) d'un tube en caoutchouc muni d'un pulvérisateur qui répand le liquide sous forme de brouillard. Celui qui est représenté par la fig. 17 coûte 2 fr. 50, c'est le pulvérisateur Riley construit par M. Vermorel.

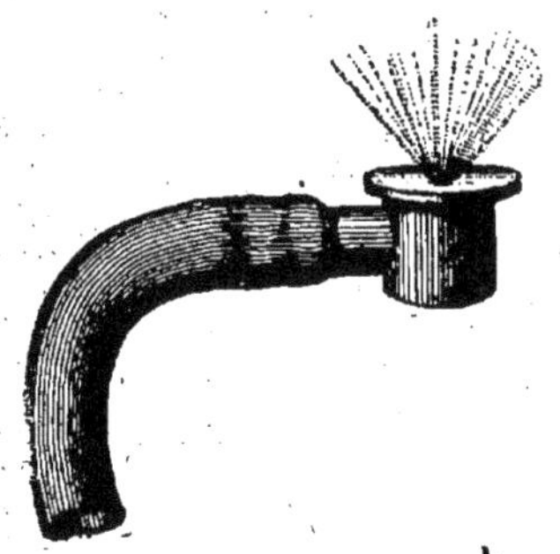

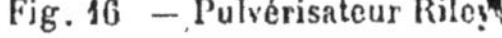

Fig. 16 — Pulvérisateur Riley

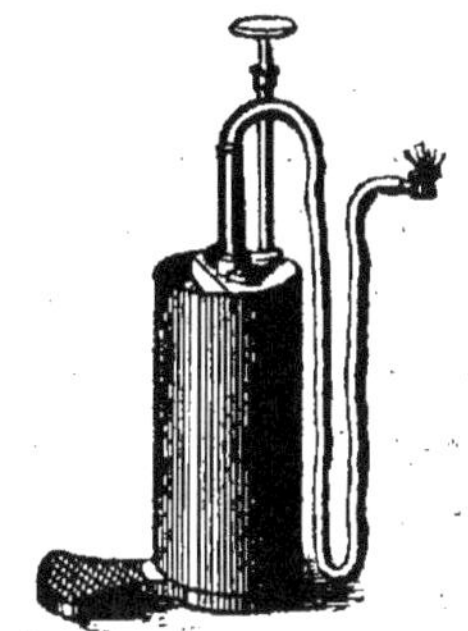

Fig. 17. — Pulvérisateur avec pompe

Mildew ou Peronospora. — Cette nouvelle maladie est caractérisée par la présence de petites touffes blanches à la face inférieure des feuilles, et semblables à des concrétions salines.

Peu de temps après, la partie attaquée jaunit et

(1) Reich. — Un remède radical contre l'Anthracnose, *Vigne américaine*, 1879.

prend la couleur de feuille morte. Le Peronospora se manifeste également sur les rameaux et sur les fruits.

Pendant la première année, on ne l'a observé que sur les feuilles, mais dans ces derniers temps et notamment en 1885, il a produit de grands ravages par sa présence sur les raisins de Jacquez.

Quand l'invasion du Mildew a lieu de bonne heure, ses effets sont funestes par suite de la perte des feuilles. Les raisins, dans ces conditions, ne peuvent mûrir convenablement, et donnent un vin très faible en alcool.

L'invasion est encore plus grave lorsque le Mildew attaque les fruits ; ceux-ci se dessèchent et ne tardent pas à tomber. Beaucoup de vignes de Jacquez ont donné cette année des rendements dérisoires par suite de l'invasion du Peronospora sur les raisins.

TRAITEMENT DU MILDEW. — Comme on a pu le voir à l'examen des caractères ci-dessus, le Peronospora produit des effets funestes sur la vigne. Le mal était tellement intense en 1885, et les remèdes proposés si incertains, que l'on était à se demander si ce nouveau fléau ne serait pas plus grave que le phylloxera.

Jusqu'à présent, on en a été réduit à choisir les cépages qui étaient les moins accessibles au Mildew. Diverses observations avaient montré, en effet, que le *Cynthiana*, l'*Othello*, le *Cuningham*, l'*Herbemont*, parmi les américains, étaient très peu attaqués.

Dans son rapport à M. le Ministre de l'agriculture en 1884, M. Foëx (1) signalait la *Petite Sirah*, la *Mondeuse*, le *Cabernet* comme étant très peu attaqués. Mais le Petit-Bouschet, qui s'était montré réfractaire en 1883, a été assez gravement atteint en 1884.

(1) *Compte rendu des travaux du service du phylloxera.*

L'adoption de cépages résistants est un palliatif qui a bien quelque valeur, mais il est trop incertain.

Aussi est-ce avec enthousiasme que les divers remèdes suivants, sur lesquels on fonde tant d'espérance, ont été accueillis à l'automne 1885.

Nous allons exposer ceux qui nous paraissent les meilleurs, et qui ont été expérimentés en grand cette année :

1° *Emploi du sulfate de cuivre.* — A été signalé par M. Muntz (1). Il a été aussi appliqué sur quelques vignes, dans les environs de Montpellier.

On l'emploie en dissolution (5 kil. de sulfate dans 100 litres d'eau), et on asperge au pulvérisateur (fig. 17) toutes les parties herbacées aussitôt que le Mildew apparaît. Le prix de revient peut être estimé à environ 20 fr. par hectare.

2° *Emploi du foie de soufre* (2). — M. de Montlaur, à Sommières, se sert avec succès de cette substance depuis 2 ans.

On fait dissoudre 1 kil. de foie de soufre dans 100 litres d'eau, et 200 litres de liquide suffisent pour un hectare. Le prix de la substance est de 1 fr. le kilog., soit 2 fr. par hectare. Il faut y ajouter la main-d'œuvre, mais celle-ci n'est pas très élevée avec l'emploi du pulvérisateur Riley.

3° *Emploi du lait de chaux* (3). — Mme la duchesse de Fitz-James l'a appliqué avec succès dans son domaine de St-Bénézet.

D'un autre côté le lait de chaux a été expérimenté en Italie, où les résultats ont été merveilleux (4).

(1) *Compte rendu de l'Académie des Sciences*, novembre 1885.
(2) Voir le *Progrès agricole* du 22 novembre 1885.
(3) Voir le *Progrès agricole* du 13 décembre 1885.
(4) Voir le *Progrès agricole* du 20 décembre 1885.

Le lait de chaux se prépare en délayant 3 à 5 kil. de chaux dans 100 litres d'eau. Ce mélange est répandu sur toutes les parties vertes de la souche.

4° *Mélange de sulfate de cuivre et de lait de chaux.* — Ce mélange a été, cette année, employé sur d'assez grandes surfaces dans le Bordelais. Il a produit de très beaux résultats et la question du Peronospora paraît être résolue maintenant dans cette région (1). Voici la préparation du mélange :

On fait dissoudre 6 kil. de sulfate de cuivre dans 100 litres d'eau. On fait un lait de chaux composé de 15 kil. de chaux et 30 litres d'eau. Les deux corps sont mélangés, et cette bouillie est employée en aspergeant les feuilles avec un petit balai ou un gros pinceau comme s'il s'agissait du badigeonnage d'un mur. Le prix de revient est estimé à 50-60 fr. par hectare.

Il y a quelque temps, on ne savait comment arrêter l'envahisement du Mildew ; les quatre remèdes que nous venons d'indiquer ont donné des résultats certains et cette maladie, qui a jeté un moment l'effroi parmi les vignerons, peut être considérée comme vaincue.

Plusieurs expériences ont démontré que le vin provenant de vignes sulfatées n'avait aucune trace de cuivre ; il n'y a donc pas de crainte de ce côté.

Erinose. — Cette maladie se rapproche du Mildew, par ses caractères. Elle se développe sur les feuilles au printemps ; elle est aussi caractérisée par des efflorescences, mais celles-ci, au lieu d'être blanchâtres comme celles des feuilles mildiousées, passent vite à une teinte rougeâtre.

(1) Rapport de M. Prillieux à M. le Ministre de l'Agriculture.

L'Erineum se distingue facilement aux boursouflures de la face supérieure de la feuille, ce qui n'arrive jamais pour le Peronospora.

L'Erinose n'est pas très grave, elle disparaît souvent avec les chaleurs de l'été.

Chlorose ou jaunisse. — Comme son nom l'indique, cette maladie est caractérisée par le jaunissement des feuilles en été. Les souches chlorosées végètent mal et ne se développent pas comme celles qui sont très vertes.

Cette affection est due à plusieurs causes : les vignes plantées dans les sols très humides et froids jaunissent au printemps (1), celles placées dans les sols sujets à se dessécher se chlorosent en été.

On évite la première de ces causes en ne plantant la vigne que dans les sols bien drainés et parfaitement assainis. La deuxième est combattue en donnant à la vigne de nombreux binages et une fumure très active.

Tous les cépages ne sont pas également accessibles à cette maladie. Les Herbemont, les Clinton et les Taylor sont ceux qui se chlorosent le mieux dans les sols qui ne leur conviennent pas.

Cottis. — On n'est pas d'accord sur la nature de cette maladie. Beaucoup de personnes appellent ainsi les souches rabougries à la suite de la mauvaise soudure d'une vigne greffée. Il n'y a pas de traitement spécial dans ce cas, il faut tâcher de greffer le mieux possible et supprimer toutes les souches dont la soudure n'est pas parfaite.

(1) *Des causes de la Chlorose chez l'Herbemont*, par G. Foëx, directeur de l'Ecole d'Agriculture de Montpellier. — *Revue des Sciences naturelles*, décembre 1881.

La *pousse en ortille*, la *vigne en persillée en pousse d'ortie*, le *friset*, *court noué*, *Jauberdat*, que M. Pierre Viala rattache au *Cottis*, sont des affections qui ne sont pas mieux connues et pour lesquelles il ne peut être question de traitement.

Pourridié. — Le Pourridié est déterminé par un champignon blanc se développant sur les racines des vignes placées dans les terrains humides.

Il est très difficile d'attaquer directement ce champignon. Aussi, lorsque plusieurs souches sont envahies, il faut les arracher et cultiver le sol pendant quelques années avant de les remplacer. L'assainissement du sol peut également prévenir cette maladie.

Black Rot. — MM. P. Viala et Louis Ravaz ont découvert dernièrement cette maladie dans les environs de Ganges (1). Elle existe en Amérique où elle exerce de sérieux ravages.

Nous ne sommes qu'au début du mal, espérons qu'il sera enrayé et qu'il ne prendra pas le développement des autres fléaux qui nous viennent du Nouveau Monde.

CHAPITRE III

INSECTES ET ANIMAUX NUISIBLES

Pyrale ou Ver de la vigne. — Cet insecte passe l'hiver à l'état de chenille sous l'écorce des souches, et, dès le réveil de la végétation, il se dirige sur les jeunes pousses où il produit de sérieux dégâts.

Les procédés de destruction consistent à se débarras-

(1) C.-R., 7 septembre 1885.

ser de la chenille en l'attaquant, en hiver, lorsqu'elle est sur la souche.

On y arrive en l'aspergeant avec de l'eau bouillante. L'eau est chauffée à l'aide d'une chaudière portative; au moyen de cafetières, elle est répandue sur toutes les parties de la souche.

En Bourgogne l'ébouillantage est complété par le soufrage des échalas. Ceux-ci sont réunis en faisceau, sous lequel on enflamme du soufre après les avoir recouverts d'un tonneau défoncé.

Dans le midi de la France, on s'est servi également des vapeurs de soufre employées directement sur la souche.

Le procédé consiste à recouvrir la souche d'une cloche en zinc et à y faire brûler une mèche soufrée. Au bout de cinq minutes l'opération est terminée.

Cochylis ou Ver de la grappe. — Cet insecte a deux générations par an ; il attaque la vigne au moment de la floraison et lorsque les raisins sont presque mûrs.

La chenille de printemps est verte ; elle détruit un grand nombre de grappes ou de parties de grappes en s'enfermant dans celles-ci après les avoir piquées. Elle se forme une sorte d'abri, et une grande quantité de raisins sont perdus.

Le moyen de la combattre est de détacher avec des ciseaux les parties attaquées, de les recueillir soigneusement dans un récipient et ensuite de les brûler. On évite ainsi les dégâts qu'occasionne la Cochylis, sur les grains de raisins.

Après la véraison les fruits sont piqués par les chenilles rouges de la deuxième génération.

Le grain piqué se flétrit, et de graves dégâts sont la conséquence de cette invasion. On prévient l'invasion des années suivantes en vendangeant en vert. C'est sans doute une perte, par suite de la qualité inférieure du produit; mais cette perte est atténuée, en faisant le vin en blanc et en ajoutant une certaine quantité de sucre, pour relever son titre alcoolique.

Depuis quelques années, la Cochylis tend à se répandre dans les vignobles du Dauphiné. Nous avons vu souvent des récoltes réduites au 1/4, par suite de la présence de cet insecte. Dans le midi de la France, les dégâts sont quelquefois assez graves.

Gribouri ou Écrivain. — MM. Valery-Mayet et Lichtenstein ont décrit les mœurs de cet insecte. A l'état parfait, il attaque les feuilles en y dessinant des découpures, ce qui lui a fait donner le nom d'*Écrivain.*

La larve qui donne naissance à l'insecte parfait vit sur les racines, où elle cause des dégâts sérieux par les incisions longitudinales qu'elle y trace.

Le Gribouri est chassé au moyen d'un appareil spécial. C'est un entonnoir en fer blanc très évasé et échancré, de manière à ce qu'il puisse embrasser la souche à la façon d'un plat à barbe. Le fond est muni d'un sac; en secouant la souche, tous les insectes sont recueillis par l'entonnoir et tombent dans le récipient.

M. Paul Thénard a conseillé de traiter les vignes attaquées par l'Écrivain, en les fumant avec des tourteaux de moutarde et de colza. De cette façon, on détruit les larves qui sont dans le sol.

Altise. — D'un vert bleuâtre et d'une grande agilité, l'Altise dévore la vigne, en avril, lors du développement des rameaux.

Quelque temps après, l'insecte pond des œufs sur

la face inférieure des feuilles, et de jeunes larves apparaissent bientôt pour dévorer les tissus des feuilles et les grappes.

On peut détruire les œufs et les larves en les écrasant. Quant à l'insecte parfait, on le recueille au moyen de l'entonnoir que nous venons de mentionner.

Attelabe ou Cigareur. — C'est un insecte d'une couleur vert-doré qui pique le pédoncule des feuilles au printemps; celles-ci se fn ent et s'enroulent comme un cigare, ce qui a valu à cet insecte le nom de *Cigareur*.

Les dégâts peuvent devenir sérieux. Le moyen de les éviter est de cueillir les feuilles enroulées le plus tôt possible ; en les brûlant on détruit les œufs qui ont été pondus dans leur intérieur.

Charançon gris. — Cet insecte vit d'ordinaire sur le saule et attaque accidentellement la vigne. Il apparaît au mois d'avril, et peut, dans certains cas, compromettre gravement la récolte.

Nous avons vu plusieurs vignes dévastées par cet insecte, les feuilles et les bourgeons avaient disparu comme s'ils avaient été gelés.

Le moyen de destruction consiste à les recueillir dans un entonnoir à gribouri.

Il faut opérer de grand matin, car dans la journée les Charançons sont immobiles et cachés dans la souche ou sur les échalas.

Sauterelles. — On a signalé à plusieurs reprises les dégâts occasionnés par les Sauterelles.

Voici un moyen qui n'est pas coûteux et qui a été

signalé par M. Valette dans le *Progrès Agricole* du 6 septembre 1885.

Il consiste à répandre sur les rameaux et les fruits un mélange en parties égales de chaux et de soufre. Les sauterelles ne sont pas tuées, mais elles n'attaquent plus la vigne ainsi soupoudrée.

Vers blancs. — Ils produisent souvent des dégâts sérieux en coupant les racines des vignes.

Le procédé de destruction consiste à traiter par le sulfure de carbone les vignes fortement attaquées.

Escargots. — Ces animaux ne se montrent que dans les années humides et au printemps.

On leur fait la chasse avec l'entonnoir à gribouri et on les donne ensuite à la volaille. Les canards en sont très friands.

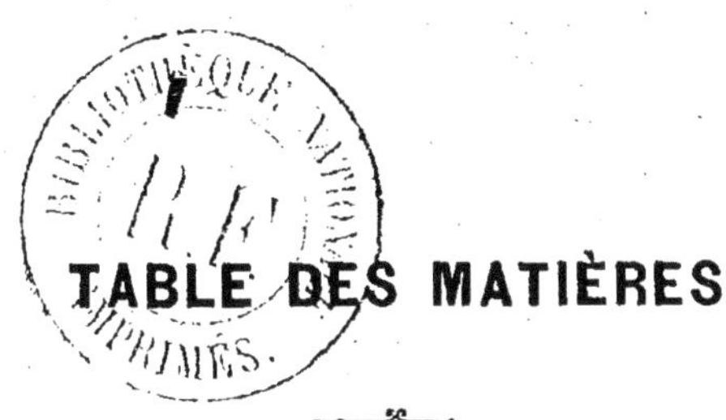

TABLE DES MATIÈRES

QUATRIÈME PARTIE

CINQUIÈME PARTIE

VIGNES AMÉRICAINES ET FRANÇ[illegible]

Pour obtenir une réussite complète, il faut planter [illegible] ce qu'on plante.

PORTE-GREFFES

Riparia Gloire de Montpellier. — Ce qui le rend supérieur à toutes les autres variétés, c'est le développement proportionnel du porte-greffe avec le greffon.

M. Gaston Bazille, sénateur, disait au Congrès de Toulouse que le Riparia Gloire de Montpellier était le plus beau type de l'espèce et qu'il comptait sur lui pour régénérer nos vignobles.

Jacquez. — Producteur direct et porte-greffe pour les terrains argileux.

Rupestris. — Porte-greffe pour les terrains peu profonds et rocailleux.

GREFFONS [illegible]

ET PLANTS DIRECTS POUR LES [illegible] ET LA SUBMERSION

Alicante-Henry-Bouschet à jus rouge, grappes fortes, ailées, [illegible] d'un rouge-grenat très [illegible] alcoolique des hybrides [illegible] franc de goût, production très abondante.

Alicante Nº 2 à ju[illegible] bon cépage, donnant [illegible] l'Alicante-Henry, vin [illegible] alcoolique.

Carignane-Bouschet à jus rouge, très bon cépage, qui [illegible] dans les terrains où l'Ara[illegible] drait mal.

TOUS LES CÉPAGES SONT GARANTIS AUTHENTIQUES

Les paquets sont munis d'un plomb portant les marques ci-contre.

MILDEW

SULFATINE. — Remède infaillible contre le [illegible]

Ce composé est employé comme poudrage en [illegible] du soufre.

Demander renseignements et Catalogue à

Paul ESTÈVE, propriétaire,

[illegible] de la Société des Agriculteurs de France [illegible] d'Agriculture de l'Hérault,

Rue Nationale, Nº 19, MONTPELLIER.

www.ingramcontent.com/pod-product-compliance
Ingram Content Group UK Ltd.
Pitfield, Milton Keynes, MK11 3LW, UK
UKHW020158200726
13856UKWH00003B/1059